国家自然资源科技创新评估系列报告

自然资源科技创新指数评估报告 2022

刘大海　王春娟　著

科 学 出 版 社
北 京

内 容 简 介

本报告以自然资源科技创新数据为基础,从投入产出角度建立了一套科学合理的国家自然资源科技创新评估体系,客观评估并定量测算了全国与区域自然资源科技创新能力,探讨了自然资源科技创新对区域的贡献和我国自然资源领域国民经济行业科技创新现状,开展了长江经济带、黄河生态带和沿海地区自然资源科技创新研究。

本报告既适用于自然资源领域的专业科技工作者和高校师生阅读,又可作为自然资源管理和决策部门的重要参考资料,也可为全社会认识和了解我国自然资源科技创新发展提供基础依据与窗口服务。

审图号: GS 京〔2022〕1266 号

图书在版编目(CIP)数据

自然资源科技创新指数评估报告.2022/刘大海,王春娟著.—北京:科学出版社,2022.11
　ISBN 978-7-03-073526-3

Ⅰ.①自… Ⅱ.①刘…②王… Ⅲ.①自然资源-技术革新-评估-研究报告-中国-2022 Ⅳ.① X37

中国版本图书馆 CIP 数据核字(2022)第 195199 号

责任编辑:朱　瑾　习慧丽/责任校对:郑金红
责任印制:吴兆东/封面设计:无极书装

科学出版社出版
北京东黄城根北街 16 号
邮政编码:100717
http://www.sciencep.com
北京建宏印刷有限公司　印刷
科学出版社发行　各地新华书店经销
*
2022 年 11 月第　一　版　开本:889×1194　1/16
2022 年 11 月第一次印刷　印张:6 3/4
字数:220 000
定价:180.00 元
(如有印装质量问题,我社负责调换)

《自然资源科技创新指数评估报告 2022》学术委员会

主　　任：李铁刚

副 主 任：高学民　魏泽勋　杨　峥　徐兴永　刘豆豆

著　　者：刘大海　王春娟

撰 写 组：刘大海　王春娟　于　莹　段晓峰　孙开心

　　　　　李成龙　陈建均　于兆飞　俞美琪　王玺媛

　　　　　邢文秀　李彦平　赵　锐　张潇娴　李先杰

测 算 组：王春娟　孙开心　李成龙　陈建均　于兆飞

　　　　　俞美琪　王玺媛

前　言

创新驱动发展已经成为我国的国家发展战略，国家高度重视科学技术发展，把创新作为引领发展的第一动力，大力实施创新驱动发展战略，着力构建国家创新体系，坚持把科技自立自强作为国家发展的战略支撑，面向世界科技前沿、面向经济主战场、面向国家重大需求、面向人民生命健康，加快建设科技强国，实现高水平科技自立自强。自然资源是国家重大战略实施和区域经济社会发展的基础，自然资源科技创新是建设创新型国家的关键领域，也是国家创新体系的重要组成部分，将吸引多主体联合攻关，推动多领域、多学科在创新链的多环节展开多维度沟通，促进自然资源开发保护与管理等各项工作更智慧、更规范、更高效、更便捷，从而全面推动中国特色创新型国家建设。

2018 年 3 月，我国组建自然资源部。2018 年 10 月，自然资源部印发《自然资源科技创新发展规划纲要》（以下简称《规划纲要》）。为促进自然资源科技创新发展，《规划纲要》分别从不同层次、不同方面对自然资源科技创新进行了部署安排，自然资源科技创新发展评估是《规划纲要》的重要工作内容。为响应国家创新驱动发展战略、推动自然资源科技创新融入国家创新体系，编写组于2018 年 6 月着手开展自然资源科技创新发展评估工作，并同时启动自然资源科技创新指数研究工作。

"国家自然资源科技创新评估系列报告"是自然资源科技创新发展评估工作的重要成果之一，是从国家层面、区域层面和领域层面进行比较分析的创新能力评估报告。《自然资源科技创新指数评估报告 2022》是本系列报告的第 4 本，根据国家自然资源科技创新发展的评估需求，建立综合指数—分指数—指标的层次结构，采用综合创新指数衡量我国及区域自然资源科技创新能力，构建以创新资源、创新环境、知识创造和创新绩效 4 个维度为基础的分指数和由 20 个指标共同组成的层次分明的指标体系，基于经济统计和科技统计等权威数据，运用 2018～2020 年相关数据，定量测算我国与区域自然资源科技创新能力，同时，开展长江经济带、黄河生态带和沿海地区的自然资源科技创新能力专题分析，从不同视域范围切实反映我国自然资源科技创新的整体布局。

《自然资源科技创新指数评估报告 2022》编写组包括自然资源部第一海洋研究所和国家海洋信息中心等单位的部分研究人员，科学技术部战略规划司、中国科学技术发展战略研究院和教育部教育管理信息中心给予了大力支持，在此对参与编写和提供数据与技术支持的单位及个人，一并表示感谢。

希望"国家自然资源科技创新评估系列报告"能够成为全社会认识和了解我国自然资源科技创新发展的窗口。本报告是自然资源科技创新发展评估研究的阶段性成果，敬请各位同仁批评指正，编写组会汲取宝贵意见，不断完善本系列报告。

刘大海　王春娟

2022 年 7 月

目　　录

第一部分　总　报　告

第二部分　区域专题

第三部分　国 际 专 题

附　　录

第一部分

总 报 告

第一章　国家自然资源科技创新指数评估

国家自然资源科技创新指数是一个综合指数，由创新资源、创新环境、知识创造和创新绩效 4个分指数构成。考虑到自然资源科技创新活动的全面性和代表性，以及基础数据的可获取性，本报告选取 20 个指标（指标体系见附表 1-1）来评估自然资源科技创新的质量、效率和能力。

2020 年，我国自然资源科技创新指数得分上升，自然资源科技创新能力大幅提高。将我国2018 年自然资源科技创新指数得分定为基数 100，则 2019 年自然资源科技创新指数得分为 107，2020 年自然资源科技创新指数得分为 122，年均增长率为 10.64%，其中 2020 年较 2019 年实现了较大增长，增长率达 14.48%。

2020 年创新资源分指数得分为 111，2018～2020 年年均增长率为 5.48%，其中"科技活动人员投入"指标增势明显，年均增长率超过 10%。

2020 年创新环境分指数得分为 127，2018～2020 年年均增长率为 12.65%，2020 年较 2019 年增长 28.37%，其中"科学仪器设备占资产的比例"指标增长显著，年均增长率达 48.93%。

2020 年知识创造分指数得分为 106，2018～2020 年年均增长率为 3.19%，其中"发明专利授权量"和"软件著作权量"指标呈现明显的增长态势，年均增长率分别为 10.27% 和 20.67%；而"本年出版科技著作"和"国家或行业标准数"指标连续两年负增长。

2020 年创新绩效分指数得分为 145，2018～2020 年年均增长率为 20.42%，是自然资源科技创新指数增长的主要驱动力，其中"有效发明专利产出效率"指标增幅最为明显，年均增长率为38.61%；"单位专利科技成果转化收入"和"科技成果转化效率"指标年均增长率分别为 20.35% 和33.79%。

第一节　国家自然资源科技创新指数综合评估

一、自然资源科技创新指数得分呈上升趋势

2020，我国自然资源科技创新指数得分呈上升趋势。将我国 2018 年的自然资源科技创新指数得分定为基数 100，则 2019 年自然资源科技创新指数得分为 107，2020 年自然资源科技创新指数得分为 122（表 1-1），2019～2020 年自然资源科技创新指数得分的增长率为 14.48%。

表 1-1　自然资源科技创新指数和各分指数得分变化

年份	综合指数	分指数			
	自然资源科技创新（A）	创新资源（B_1）	创新环境（B_2）	知识创造（B_3）	创新绩效（B_4）
2018	100	100	100	100	100
2019	107	97	99	91	141
2020	122	111	127	106	145

注：综合指数和各分指数得分按取整给出

二、4 个分指数贡献不一

2020 年，创新资源、创新环境、知识创造和创新绩效 4 个分指数对自然资源科技创新指数的影响均为正贡献，但影响大小有所不同（表 1-2），其中创新环境、创新绩效分指数得分高于自然资源科技创新指数得分，而创新资源和知识创造分指数得分低于自然资源科技创新指数得分。

表 1-2　自然资源科技创新指数和分指数得分的增长率（%）

年份	综合指数	分指数			
	自然资源科技创新（A）	创新资源（B_1）	创新环境（B_2）	知识创造（B_3）	创新绩效（B_4）
2018	—	—	—	—	—
2019	6.93	−3.04	−1.13	−9.23	41.12
2020	14.48	14.76	28.37	17.30	2.76
年均	10.64	5.48	12.65	3.19	20.42

创新绩效分指数得分总体上远高于自然资源科技创新指数得分，说明创新绩效分指数对自然资源科技创新指数增长有较大的正贡献。在增长率方面，尽管 2020 年创新绩效分指数得分增长较 2019 年有所放缓，但 2018～2020 年仍实现了年均 20.42% 的增长率，年均增长率位于 4 个分指数首位。

此外，创新资源、创新环境和知识创造分指数得分在 2019 年出现下滑后，2020 年均实现了较大幅度的增长，2018～2020 年年均增长率分别为 5.48%、12.65% 和 3.19%。2019～2020 年，创新环境分指数对我国自然资源科技创新指数大幅提升的贡献较大，增长率达 28.37%（图 1-1），表明我国自然资源科技创新环境大幅优化，经费、设备支持力度显著增大，为科技创新活动的持续开展提供了重要保障。

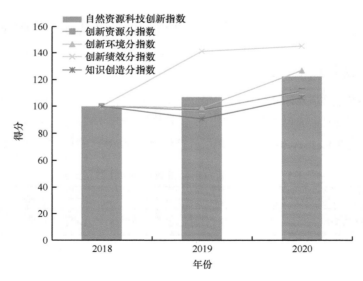

图 1-1　我国 2018～2020 年自然资源科技创新指数及分指数得分变化

第二节 国家自然资源科技创新分指数评估

一、创新资源分指数

自然资源科技创新资源能够反映一个国家或区域自然资源科技创新活动的投入力度，也是创新活动顺利并持续开展的重要保障。自然资源领域科技创新人才资源的供给能力及创新所依赖的基础设施投入水平，是一个国家或区域在该领域持续开展创新活动的基本保障，其创新实力和效率不仅与创新投入总量有关，还取决于创新资源匹配的合理性。科学研究与试验发展（以下简称 R&D，research and development）经费和人员作为重要的创新资源，分别反映了国家或区域对创新活动的支持力度和创新人才资源的储备状况。创新资源分指数选取如下 5 个指标：①研究与发展经费投入强度；②研究与发展人力投入强度；③科技活动人员投入；④固定资产投入力度；⑤自然资源系统 R&D 人员数量。基于以上指标，分别从资金投入、人力投入和资产投入等角度对我国自然资源科技创新资源投入和配置能力进行评估。

2020 年，创新资源分指数得分为 111，较前两年明显上升，如图 1-2 所示，2019～2020 年的增长率为 14.76%。从 2018～2020 年创新资源分指数 5 个指标得分的变化来看，创新资源分指数的增长主要依靠"科技活动人员投入"指标，年均增长率超过 10%，是拉动创新资源分指数整体上升的重要力量。此外，"研究与发展经费投入强度""固定资产投入力度""自然资源系统 R&D 人员数量"指标也有正贡献，年均增长率超过 5%。实际上，"研究与发展人力投入强度"指标在 2019 年出现大幅下滑后，2020 年实现小幅增长，但年均增长率为–4.17%，是创新资源分指数中唯一负增长的指标。因此，自然资源科技创新能力提升应注重加大人力投入强度。

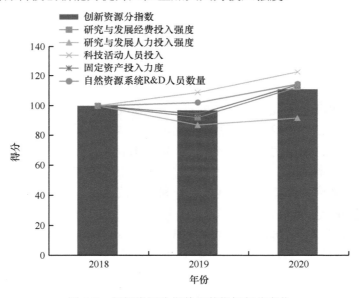

图 1-2 创新资源分指数及其指标得分变化

二、创新环境分指数

自然资源科技创新环境是提升自然资源科技创新能力的重要基础和保障，包括创新过程中的硬环境和软环境。创新环境分指数反映一个国家或区域自然资源科技创新活动所依赖的外部环境，主要是制度创新和环境创新。创新环境分指数选取如下 5 个指标：①科学仪器设备占资产的比例；

② R&D 经费中企业资金的占比；③自然资源系统科研机构数量；④科技活动经费投入；⑤ R&D 课题投入力度。

2020 年创新环境分指数得分为 127，较 2018 年、2019 年明显上升（图 1-3），2019 年创新环境分指数得分为 99，较 2018 年有所下降，2019～2020 年的增长率为 28.37%，在 4 个分指数中增长率最大。2018～2020 年，创新环境分指数的 5 个指标中，"科学仪器设备占资产的比例"指标增长显著，年均增长率达 48.93%，是拉动创新环境分指数增长的重要因素，反映了自然资源领域科研仪器设备投入大幅增长；"R&D 经费中企业资金的占比"指标年均增长率为 7.38%；"自然资源系统科研机构数量"指标在 2019 年大幅增长后，2020 年有所下降，因此需注重自然资源科技创新平台的持续改善；"科技活动经费投入"和"R&D 课题投入力度"指标略有下降。

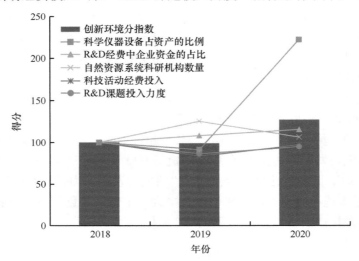

图 1-3 　创新环境分指数及其指标得分变化

三、知识创造分指数

自然资源科技创新知识创造是创新活动的直接产出，也是自然资源科技创新能力的直接体现，能够反映一个国家或区域自然资源领域的科研产出能力、知识传播能力和科技整体实力。知识创造分指数选取如下 5 个指标：①发明专利授权量；②本年出版科技著作；③发表科技论文数；④软件著作权量；⑤国家或行业标准数。基于以上指标，论证我国自然资源领域知识创造的能力和水平，既能反映科技成果产出效应，又能综合体现发明专利、科技论文、科技著作等各种成果产出。

2020 年知识创造分指数得分为 106，较 2019 年增长了 17.30%，而 2019 年知识创造分指数得分较 2018 年有所下降，2018～2020 年年均增长率为 3.19%，实现小幅增长（图 1-4）。知识创造分指数的 5 个指标中，"发明专利授权量"和"软件著作权量"指标呈现明显的增长态势，年均增长率分别为 10.27% 和 20.67%；"本年出版科技著作"和"国家或行业标准数"指标连续两年下降，年均增长率为负值，分别为 –7.78% 和 –17.25%，可见自然资源领域创新产出能力有待提升。

四、创新绩效分指数

自然资源科技创新绩效集中反映一个国家或区域开展自然资源科技创新活动所产生的效果和影响。创新绩效分指数选取如下 5 个指标：①万名科研人员发表的科技论文数；②单位课题的科技论文发表数；③有效发明专利产出效率；④单位专利科技成果转化收入；⑤科技成果转化效率。基于

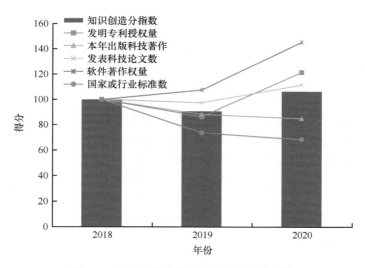

图 1-4　知识创造分指数及其指标得分变化

以上指标，测度和评估我国自然资源科技创新活动的产出水平及对经济的贡献。

2020 年创新绩效分指数得分为 145，在 2019 年实现大幅增长的情况下，2020 年仍有小幅提升，2019～2020 年的增长率为 2.76%，2018～2020 年年均增长率达 20.42%，是自然资源科技创新指数增长的主要驱动力。从创新绩效分指数 5 个指标得分的变化（图 1-5）来看，"有效发明专利产出效率"指标增幅最为明显，年均增长率为 38.61%；"单位专利科技成果转化收入"和"科技成果转化效率"指标年均增长率分别为 20.35% 和 33.79%，2020 年分别比 2019 年下降 27.31% 和 21.57%；"单位课题的科技论文发表数"指标年均增长率为 8.67%；"万名科研人员发表的科技论文数"指标在 2020 年出现小幅负增长，增长率为 -4.62%，这表明科技论文成果产出有待进一步提升。

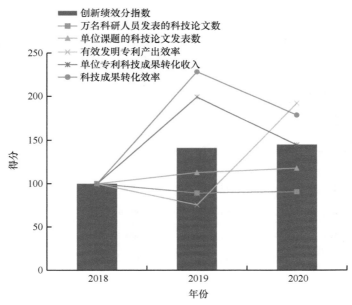

图 1-5　创新绩效分指数及其指标得分变化

第二章　我国行政区域自然资源科技创新指数评估

《自然资源科技创新发展规划纲要》聚焦国家创新驱动发展战略和自然资源改革发展重大需求，指出"全面深化自然资源科技体制改革，不断提升自然资源科技创新能力，优化集聚自然资源科技创新资源""加快构建现代化自然资源科技创新体系"。实施自然资源重大科技创新战略，建立自然资源调查监测、国土空间优化管控、生态保护修复技术体系，需要自然资源科技创新的有力支撑。

本章从行政区域角度分析我国自然资源科技创新的发展现状和特点，为我国自然资源科技创新格局的优化提供科技支撑和决策依据。

从自然资源科技创新指数来看，区域分布呈现明显的四级梯次态势，2020年可以将我国行政区域分为4个梯次，第一梯次是北京、广东和山东，第二梯次是上海、辽宁、安徽、湖北、河北、重庆、四川和浙江，第三梯次是福建、江苏、广西、湖南、天津、新疆、甘肃、贵州、云南、海南、陕西、江西和河南，其他省（区）为第四梯次。

从自然资源科技创新分指数来看，创新资源分指数区域差距较大，创新环境分指数北京和广东领先，知识创造分指数优势区域离散分布，创新绩效分指数区域均衡化程度较高。

第一节　我国行政区域自然资源科技创新指数综合评估

一、自然资源科技创新指数的区域分布呈现明显的四级梯次态势

根据我国各省（区、市）的自然资源科技创新数据，测算2020年自然资源科技创新指数得分，由于吉林和山西部分数据出现异常，因此2020年评估暂未考虑这两个省份。根据测算的自然资源科技创新指数得分，将各省（区、市）划分为4个梯次，如表2-1所示。

表 2-1　2020 年自然资源科技创新指数与分指数得分

省（区、市）	综合指数	分指数			
	自然资源科技创新（A）	创新资源（B_1）	创新环境（B_2）	知识创造（B_3）	创新绩效（B_4）
北京	76.15	88.64	84.59	100.00	31.38
广东	51.72	59.35	58.81	51.99	36.73
山东	38.98	47.85	39.89	33.47	34.72
上海	26.62	38.09	30.97	7.04	30.36
辽宁	26.21	33.06	30.49	12.67	28.63
安徽	23.95	34.70	33.04	3.38	24.69
湖北	23.49	21.52	29.96	19.73	22.77
河北	22.57	13.77	16.97	9.32	50.22

续表

省（区、市）	综合指数	分指数			
	自然资源科技创新（A）	创新资源（B₁）	创新环境（B₂）	知识创造（B₃）	创新绩效（B₄）
重庆	21.61	10.34	14.05	7.71	54.33
四川	21.20	18.24	22.46	10.79	33.31
浙江	20.36	17.33	13.75	19.05	31.32
福建	19.02	14.45	32.18	8.03	21.42
江苏	18.59	20.09	15.39	11.73	27.16
广西	17.25	10.35	10.74	6.60	41.32
湖南	16.68	15.87	26.66	7.29	16.91
天津	16.31	22.20	13.50	10.38	19.17
新疆	15.16	14.76	8.85	7.51	29.51
甘肃	14.98	14.89	15.41	11.63	17.99
贵州	14.83	14.87	23.23	6.07	15.13
云南	14.08	14.65	22.97	11.49	7.23
海南	11.52	23.46	5.22	0.73	16.68
陕西	11.43	14.50	6.27	6.52	18.41
江西	10.78	7.44	11.59	5.65	18.44
河南	10.43	7.84	7.98	5.72	20.18
青海	10.03	8.17	10.41	2.81	18.73
黑龙江	9.78	11.11	6.14	7.84	14.01
内蒙古	8.64	7.31	9.93	0.46	16.87
宁夏	5.35	11.94	4.12	3.03	2.31
西藏	3.32	10.34	0.02	0.26	2.67

二、自然资源科技创新区域差异显著

从自然资源科技创新指数得分的 4 个梯次来看，2020 年第一梯次 3 个省（市）的自然资源科技创新指数得分分别为 76.15、51.72 和 38.98，分别是平均分（20.04）的 3.80 倍、2.58 倍和 1.94 倍[①]（图 2-1）。从全国范围来看，第一梯次中，北京和广东的自然资源科技创新发展具备明显优势，创新能力较强；山东区域集聚性较强，其自然资源科技创新发展基础较好，具有一定的创新能力，但仍与前两个省（市）存在较大差距。第二梯次中，上海的创新资源分指数得分较高，人力资本等创新资源丰富；辽宁和安徽科研基础雄厚，创新资源和创新环境分指数得分均较高；湖北依托长江经济带区域协同发展，知识创造和创新环境分指数得分较高；河北的创新绩效分指数得分较高；重庆创新资源、创新环境和知识创造分指数得分较低，四川创新资源和知识创造分指数得分较低，浙江创新资源和创新环境分指数得分较低，因而拉低了其综合指数的得分。

---

① 本报告中数据经过了数值修约，依据报告中数据计算的倍数、占比、平均值等可能存在误差。

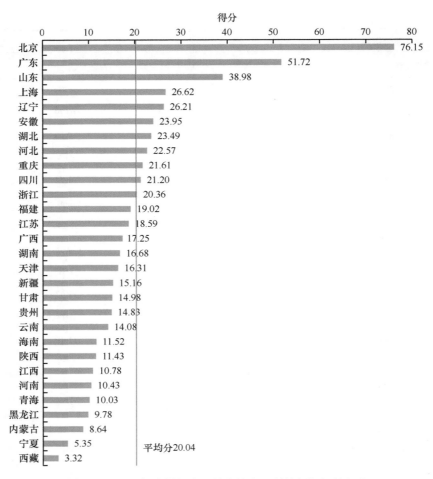

图 2-1　2020 年我国行政区域自然资源科技创新指数得分

第二节　我国行政区域自然资源科技创新分指数评估

一、创新资源分指数区域差距较大

从创新资源分指数来看，2020 年各省（区、市）得分整体差异较大，区域间差异化程度也较高，得分超过平均分（21.62）的有北京、广东、山东、上海、安徽、辽宁、海南和天津（图 2-2）。其中，北京、广东创新资源分指数得分分别为 88.64、59.35，远高于其他省（区、市）的得分。北京创新资源分指数得分排在第一位，主要是由于"科技活动人员投入""固定资产投入力度""自然资源系统 R&D 人员数量" 3 个指标表现突出。广东创新资源分指数得分仅次于北京，位列第二，这主要得益于其较大的"研究与发展人力投入强度"。山东、上海、安徽、辽宁、海南和天津 6 个省（市）的创新资源分指数得分分别为 47.85、38.09、34.70、33.06、23.46 和 22.20。

二、创新环境分指数北京和广东领先

从创新环境分指数来看，2020 年我国各省（区、市）得分超过平均分（20.88）的为北京、广东、山东、安徽、福建、上海、辽宁、湖北、湖南、贵州、云南和四川（图 2-3）。其中，福建、湖南、贵州和云南位于第三梯次，其他均位于第一或第二梯次。2020 年，北京和广东在创新环境方

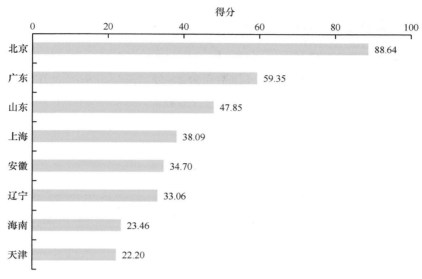

图 2-2　2020 年创新资源分指数得分超过平均分的省（市）

面处于领先地位，得分远超其他省（区、市）。北京创新环境分指数得分为 84.59，远高于平均分（20.88），这主要得益于"科学仪器设备占资产的比例""科技活动经费投入"及"R&D 课题投入力度"3 个指标表现强劲，体现出北京突出的创新资金支持和管理水平。广东创新环境分指数得分为 58.81，这主要得益于较多的"自然资源系统科研机构数量"。

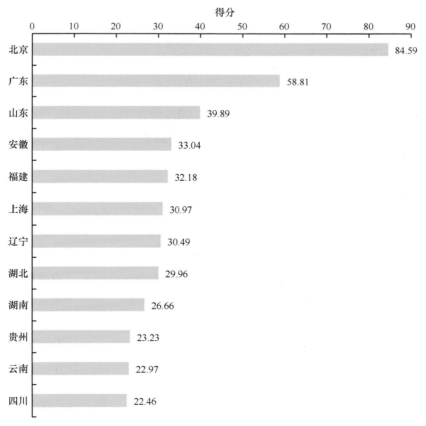

图 2-3　2020 年创新环境分指数得分超过平均分的省（市）

三、知识创造分指数优势区域离散分布

从知识创造分指数来看，2020 年我国各省（区、市）得分超过平均分（13.41）的有北京、广东、山东、湖北和浙江（图 2-4）。以知识创造分指数得分 15 分为阈值，将我国各省（区、市）划分为两大类型，超过 15 分的为优势类型，低于 15 分的为劣势类型。优势类型的省（区、市）在全国的分布呈现离散型态势，并未相对集聚；劣势类型的省（区、市）得分较低，与平均分差距较大，但区域间相对均衡，并未出现级差分化。

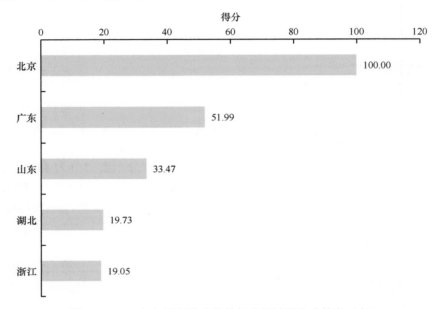

图 2-4   2020 年知识创造分指数得分超过平均分的省（市）

北京知识创造分指数表现较为突出，得分为 100.00，所有指标优势明显。广东知识创造分指数得分为 51.99，这与广东较高的发明专利授权量和发表科技论文数密不可分。山东知识创造分指数得分为 33.47，其在专利方面具有较强的实力。

四、创新绩效分指数区域均衡化程度较高

从创新绩效分指数来看，2020 年我国各省（区、市）得分超过平均分（24.23）的有重庆、河北、广西、广东、山东、四川、北京、浙江、上海、新疆、辽宁、江苏和安徽（图 2-5）。其中，广西、新疆和江苏在第三梯次，其他均位于第一或第二梯次。总体来看，创新绩效分指数得分超过平均分的省（区、市）区域均衡化程度较高。

2020 年重庆在创新绩效方面表现突出，超过其他省（区、市），位列第一，其创新绩效分指数得分为 54.33，这主要得益于突出的单位专利科技成果转化收入及科技成果转化效率；河北名列其后，创新绩效分指数得分为 50.22，其单位课题的科技论文发表数及有效发明专利产出效率远高于其他省（区、市），具有较大优势。

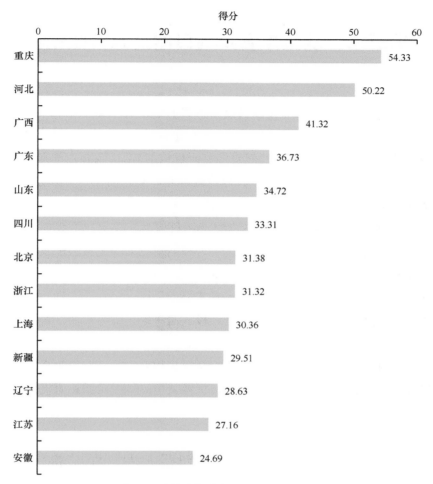

图 2-5　2020 年创新绩效分指数得分超过平均分的省（区、市）

第三章 从数据看我国自然资源科技创新

自然资源科技创新人力资源是自然资源科技创新的主导力量和战略资源。在自然资源科技创新人力资源结构方面，2020年科技活动人员总量中部地区继续崛起，沿海地区人员结构优势更加突出；R&D人员总量区域差距明显，西部地区自然资源科研机构的R&D人员占该地区R&D人员的比例较高，自然资源科技创新贡献较大，相较于其他地区有明显的区位优势；沿海地区R&D人员学历结构优化，西部地区R&D人员中博士学历人员占比较高。

自然资源科研机构的R&D经费是重要的自然资源科技创新经费，能够有效反映国家自然资源科技创新活动规模，客观反映国家自然资源科技实力和创新能力。在自然资源科技创新经费规模方面，中西部地区R&D经费投入力度有待加大；R&D经费内部支出为主导，日常性支出占比较高。从2020年R&D经费来源来看，政府部门发挥着更重要的作用。

在自然资源科技创新基础环境方面，固定资产投入沿海地区优势明显，科学仪器设备投入东部地区优势明显。

在自然资源科技创新成果产出方面，自然资源科研机构科技论文发表量重点省（市）领先；自然资源科研机构科技著作出版种类地域分布鲜明，优势突出；自然资源科研机构专利申请受理量总体增长，产出能力普遍提高。

第一节 自然资源科技创新人力资源结构

自然资源科技创新人力资源是建设创新型国家的主导力量和战略资源，科研人员的综合素质决定了自然资源科技创新能力提升的速度和幅度。自然资源科研机构的科技活动人员和R&D人员是重要的自然资源创新人力资源，突出反映了一个国家自然资源科技创新人才资源的储备状况。其中，科技活动人员是指自然资源科研机构中从事科技活动的人员，包括科技管理人员、课题活动人员和科技服务人员；R&D人员是指自然资源科研机构本单位人员及外聘研究人员，以及在读研究生中参加R&D课题的人员、R&D课题管理人员和为R&D活动提供直接服务的人员。

一、科技活动人员总量中部地区继续崛起，沿海地区人员结构优势更加突出

从2020年自然资源科研机构中科技活动人员总量来看，我国9个省（市）高于全国平均水平，分别是北京、广东、四川、湖北、山东、贵州、安徽、吉林和河北；此外，内蒙古、浙江、云南、湖南、河南、青海、甘肃和辽宁这8个省（区）低于全国平均水平，但高于全国平均水平的80%（图3-1）。

从2020年自然资源科研机构R&D博士学历人员数量来看，我国6个省（市）高于全国平均水平，分别是北京、广东、山东、吉林、湖北和江苏（图3-2）；高于全国平均水平的50%，但低于全国平均水平的有7个省（市），分别是辽宁、甘肃、上海、浙江、贵州、福建和四川[1]。

---

[1] 本书香港特别行政区、澳门特别行政区、台湾省资料暂缺

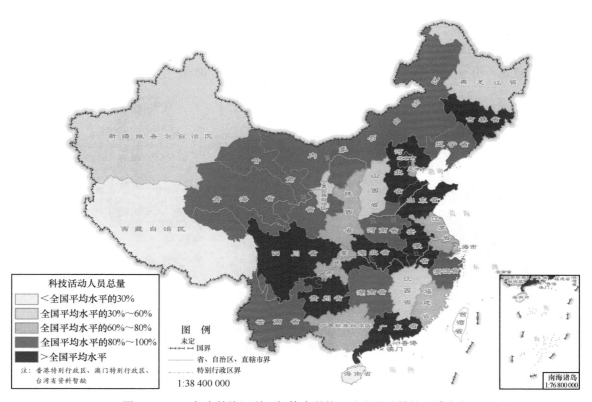

图 3-1 2020 年自然资源科研机构中科技活动人员总量的区域分布

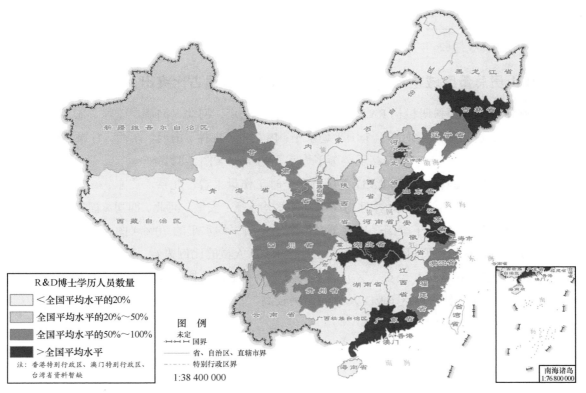

图 3-2 2020 年自然资源科研机构 R&D 博士学历人员数量的区域分布

从 2020 年自然资源科研机构科技活动人员中高级职称人员占比来看，我国 14 个省（区、市）高于全国平均水平（图 3-3），其中，北京、辽宁、黑龙江、云南、吉林、新疆、江苏和重庆的占比高于 40%，河北、山东、甘肃、福建、上海和四川的占比超过 30%。

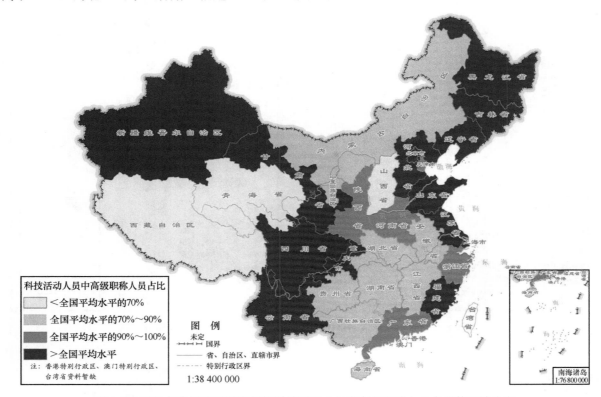

图 3-3   2020 年自然资源科研机构科技活动人员中高级职称人员占比的区域分布

二、R&D 人员总量区域差距明显，西部地区 R&D 人员占比突出

从 2020 年自然资源科研机构 R&D 人员总量来看，北京、河北、河南、安徽、福建、广东、山东、湖北、湖南、贵州和四川均高于全国平均水平；内蒙古、吉林、山西、陕西、甘肃、重庆、浙江、云南和广西低于全国平均水平，但高于全国平均水平的 70%（图 3-4）。

从 2020 年自然资源科研机构 R&D 人员折合全时工作量来看，北京、广东、山东、吉林、辽宁和湖北 6 个省（市）排在前六位，并且均高于全国平均水平；安徽、河北、四川、福建、云南、甘肃、湖南、江苏和贵州 9 个省低于全国平均水平，但高于全国平均水平的 70%（图 3-5）。

从 2020 年自然资源科研机构 R&D 人员占地区 R&D 人员的比例来看，青海、吉林、西藏、甘肃、新疆、内蒙古、宁夏和贵州 8 个省（区）高于全国平均水平，从排名可以看出，我国西部地区自然资源科研机构 R&D 人员占地区 R&D 人员的比例较高，自然资源科技创新贡献较大，相较于其他地区有明显的区位优势（图 3-6）。

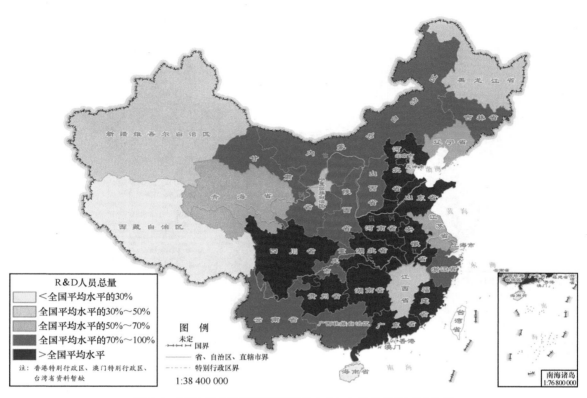

图 3-4　2020 年自然资源科研机构 R&D 人员总量的区域分布

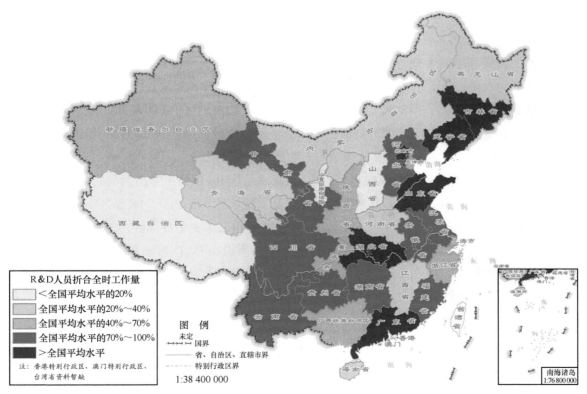

图 3-5　2020 年自然资源科研机构 R&D 人员折合全时工作量的区域分布

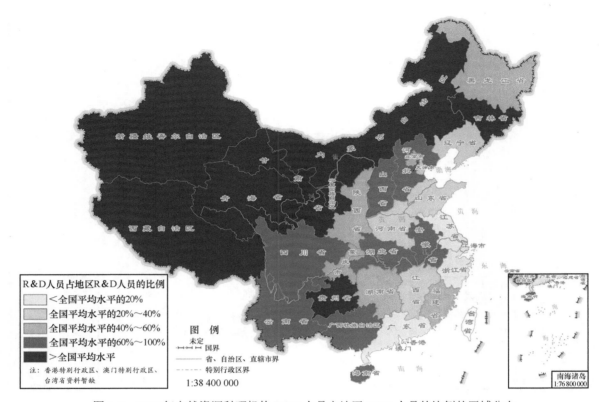

图 3-6   2020 年自然资源科研机构 R&D 人员占地区 R&D 人员的比例的区域分布

三、沿海地区 R&D 人员学历结构优化，西部地区 R&D 人员中博士学历人员占比较高

从 2020 年自然资源科研机构 R&D 人员中博士学历人员占比来看，北京、山东、广东、吉林、辽宁、江苏、新疆和上海 8 个省（区、市）的 R&D 人员中博士学历人员占比位于全国领先地位，均高于全国平均水平；除上述 8 个省（区、市）外，浙江、甘肃、海南、湖北 4 个省低于全国平均水平，但高于全国平均水平的 80%（图 3-7）。由此可见，沿海地区 R&D 人员中博士学历人员占比较高，不仅有数量的优势，还有学历结构上的优势。部分中西部地区的 R&D 人员中博士学历人员占比突出，这说明这些地区在自然资源领域的人才结构不断优化。

从 2020 年自然资源科研机构 R&D 博士学历人员占地区 R&D 博士学历人员的比例来看，青海、山东、新疆、吉林、贵州、广东、甘肃和北京 8 个省（区、市）的占比均高于 5%，处于全国领先地位（图 3-8）；除了上述 8 个省（区、市），西藏、海南和云南 3 个省（区）的占比也高于全国平均水平。从这一指标可以看出，西部地区的自然资源科研机构 R&D 博士学历人员占地区 R&D 博士学历人员的比例较高，但是西部地区自然资源领域 R&D 博士学历人员数量并不高，这表明西部地区对自然资源的依赖性较强，尤其是自然资源的科技创新能力。

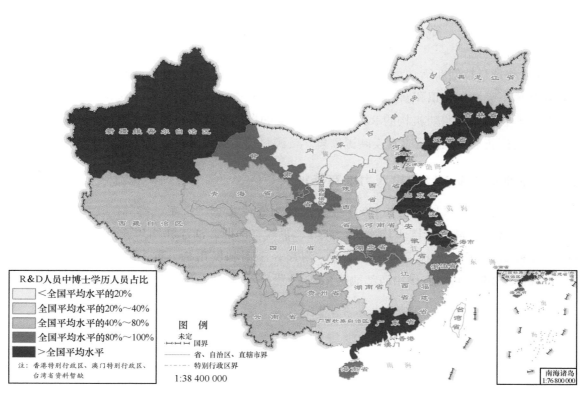

R&D人员中博士学历人员占比
□ <全国平均水平的20%
■ 全国平均水平的20%~40%
■ 全国平均水平的40%~80%
■ 全国平均水平的80%~100%
■ >全国平均水平

注：香港特别行政区、澳门特别行政区、
台湾省资料暂缺

图　例
未定
├─┤ 国界
──── 省、自治区、直辖市界
------ 特别行政区界
1:38 400 000

图 3-7　2020 年自然资源科研机构 R&D 人员中博士学历人员占比的区域分布

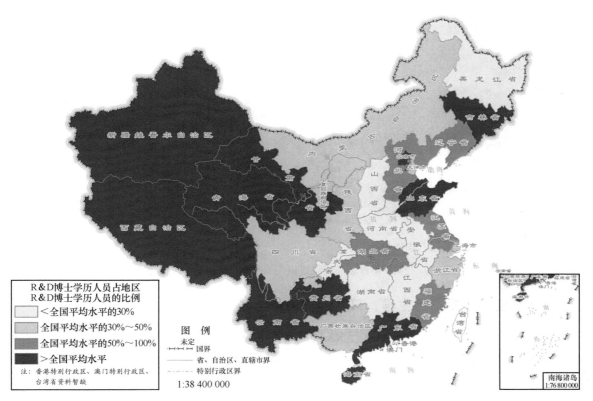

R&D博士学历人员占地区
R&D博士学历人员的比例
□ <全国平均水平的30%
■ 全国平均水平的30%~50%
■ 全国平均水平的50%~100%
■ >全国平均水平

注：香港特别行政区、澳门特别行政区、
台湾省资料暂缺

图　例
未定
├─┤ 国界
──── 省、自治区、直辖市界
------ 特别行政区界
1:38 400 000

图 3-8　2020 年自然资源科研机构 R&D 博士学历人员占地区 R&D 博士学历人员的比例的区域分布

第二节　自然资源科技创新经费规模

　　R&D 活动是科技创新活动最为核心的组成部分，不仅是知识创造和自主创新能力的源泉，还是全球化环境下吸纳新知识和新技术的能力基础，更是反映科技经济协调发展和衡量经济增长质量的重要指标。自然资源科研机构的 R&D 经费是重要的自然资源科技创新经费，能够有效反映国家自然资源科技创新活动规模，客观反映国家自然资源科技实力和创新能力。

一、中西部地区 R&D 经费投入力度有待加大

　　从 2020 年自然资源科研机构 R&D 经费规模来看，北京、广东、吉林、辽宁、山东、上海和湖北 7 个省（市）高于全国平均水平，江苏、福建、河北、浙江和四川 5 个省为全国平均水平的 60%～100%，云南、天津、甘肃、安徽、海南、湖南和贵州 7 个省（市）为全国平均水平的 40%～60%（图 3-9），可见我国中西部地区 R&D 经费投入力度有待加大，与沿海地区还有一定差距。

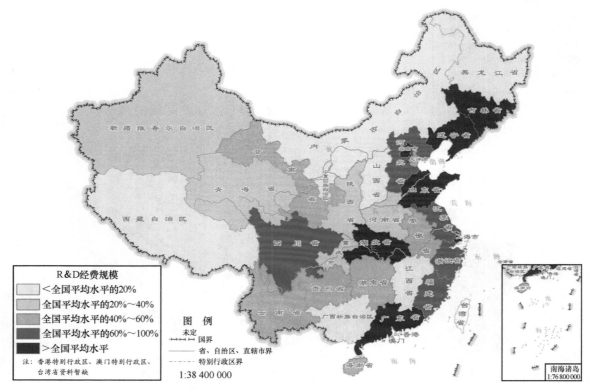

图 3-9　2020 年自然资源科研机构 R&D 经费规模的区域分布

二、R&D 经费内部支出为主导，日常性支出占比较高

　　R&D 经费内部支出是指当年为进行 R&D 活动而实际用于机构内的全部支出。2019 年，科学研究和技术服务业统计调查报表制度将 R&D 经费内部支出分为日常性支出和资产性支出，其中资产性支出增加了资本化的计算机软件支出、专利和专有技术支出的统计。

2020 年自然资源科研机构 R&D 经费日常性支出分为 5 个梯队（图 3-10），第一梯队有北京、广东、吉林、山东、上海、辽宁和湖北，第二梯队有河北、江苏、福建、浙江、四川和甘肃，第三梯队有天津、云南、湖南、安徽、贵州和海南，第四梯队有陕西、重庆、青海、新疆和广西，其他省（区）是第五梯队。

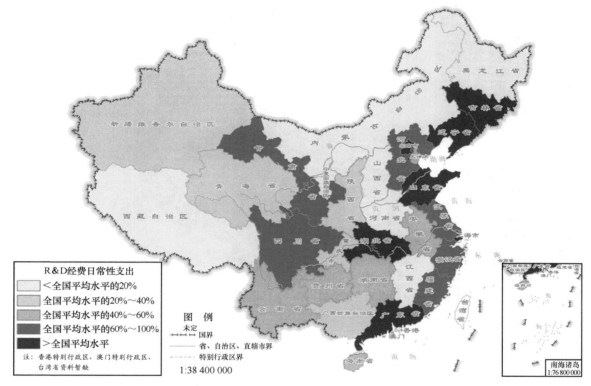

图 3-10　2020 年自然资源科研机构 R&D 经费日常性支出的区域分布

2020 年自然资源科研机构 R&D 经费资产性支出分为 5 个梯队（图 3-11），第一梯队有北京、吉林、山东、上海、广东和海南，第二梯队有辽宁、江苏、浙江、福建和湖北。

从 2020 年自然资源科研机构用于基础研究的 R&D 经费日常性支出来看，北京、广东、山东、吉林和甘肃 5 个省（市）高于全国平均水平（图 3-12）。从 2020 年自然资源科研机构用于应用研究的 R&D 经费日常性支出来看，北京、上海、辽宁、广东、山东和福建 6 个省（市）高于全国平均水平（图 3-13）。从 2020 年自然资源科研机构用于试验发展的 R&D 经费日常性支出来看，广东、吉林、山东、湖北、北京、海南和天津 7 个省（市）高于全国平均水平（图 3-14）。

从 R&D 经费来源来看，2018～2020 年各省（区、市）R&D 经费日常性支出主要来源于政府资金，2018 年全国 R&D 经费日常性支出中的政府资金占比约为 87%，2019 年有所下降，约为 85%，这表明企业、事业单位等机构发挥了作为部分 R&D 经费来源的功能。2020 年这一比例为 89.6%，这说明政府部门发挥着更重要的作用。

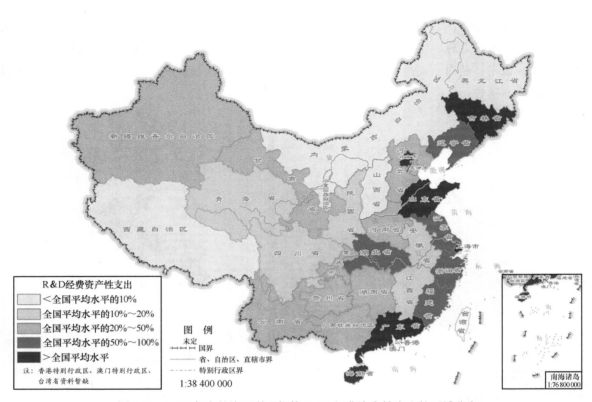

图 3-11　2020 年自然资源科研机构 R&D 经费资产性支出的区域分布

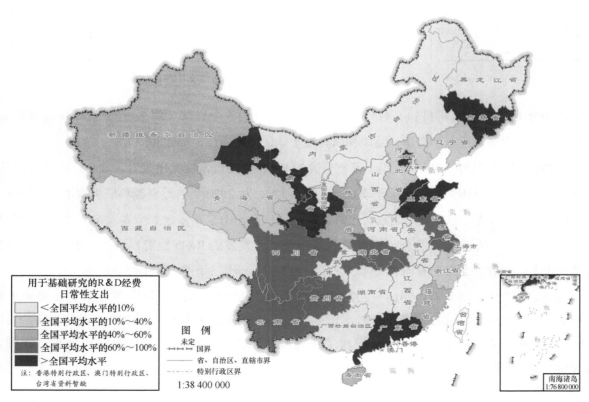

图 3-12　2020 年自然资源科研机构用于基础研究的 R&D 经费日常性支出的区域分布

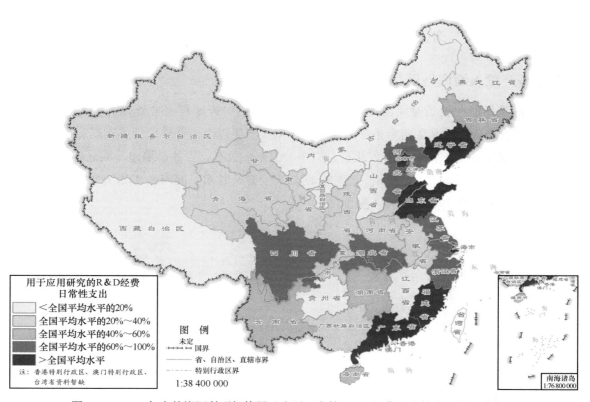

图 3-13 2020 年自然资源科研机构用于应用研究的 R&D 经费日常性支出的区域分布

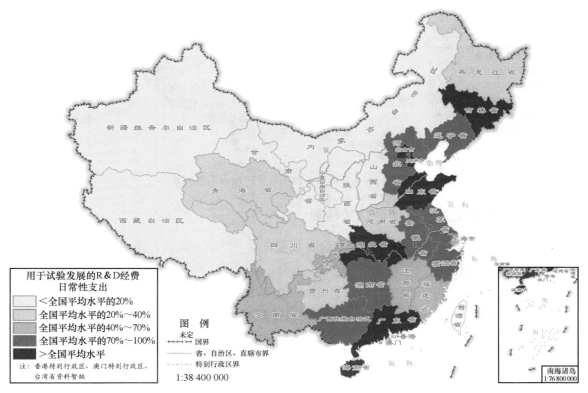

图 3-14 2020 年自然资源科研机构用于试验发展的 R&D 经费日常性支出的区域分布

第三节   自然资源科技创新基础环境

一、固定资产投入沿海地区优势明显

固定资产是指能在较长时间内使用，消耗其价值但能保持原有实物形态的设施和设备，如建筑物等。固定资产应同时具备两个条件：①耐用年限在一年以上；②单位价值在规定标准以上。从2020 年自然资源固定资产原价来看，北京、广东、山东、上海、吉林、福建、湖北、浙江和河北 9个省（市）高于全国平均水平；贵州、辽宁、四川、安徽、甘肃、海南和江苏 7 个省低于全国平均水平，但高于全国平均水平的 60%（图 3-15）。

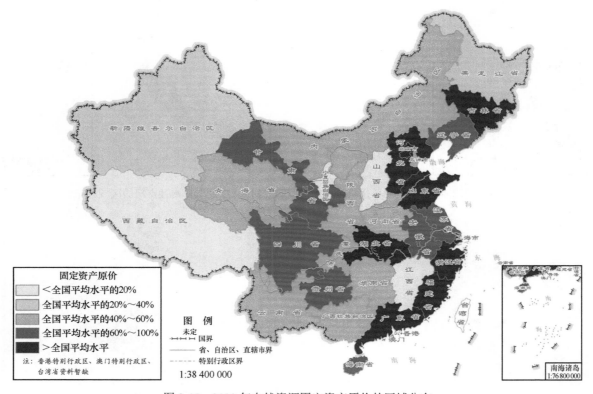

图 3-15   2020 年自然资源固定资产原价的区域分布

二、科学仪器设备投入东部地区优势明显

从 2020 年自然资源科研机构科研仪器设备数量来看，北京、广东、山东、福建、湖北、吉林和甘肃 7 个省（市）高于全国平均水平；辽宁、云南、浙江、江苏、上海、四川和河南 7 个省（市）低于全国平均水平，但高于全国平均水平的 70%（图 3-16）。

从 2020 年自然资源科研机构 R&D 经费中仪器设备支出来看，北京、广东、海南、山东、上海和吉林 6 个省（市）高于全国平均水平；湖北、福建、辽宁、江苏和浙江 5 个省低于全国平均水平，但高于全国平均水平的 60%（图 3-17）。

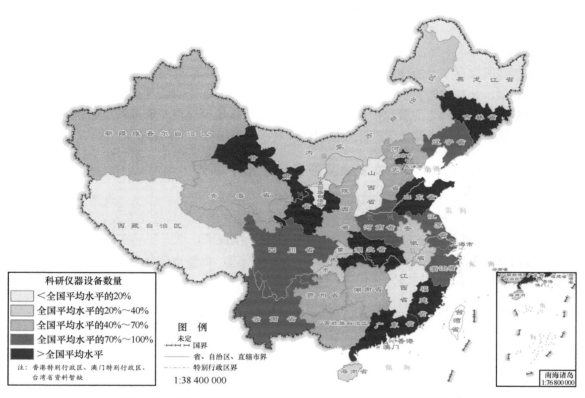

图 3-16　2020 年自然资源科研机构科研仪器设备数量的区域分布

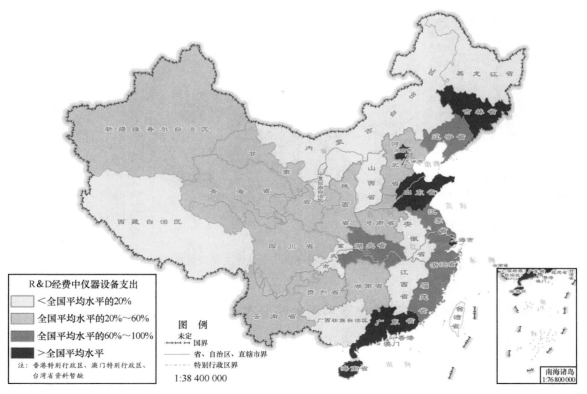

图 3-17　2020 年自然资源科研机构 R&D 经费中仪器设备支出的区域分布

第四节　自然资源科技创新成果产出

知识创新是国家竞争力的核心要素。创新成果产出是指科学研究与技术创新活动所产生的各种形式的中间成果，是科技创新水平和能力的重要体现。论文、著作的数量和质量能够反映自然资源科技原始创新能力，专利申请量和授权量等则能够更加直接地反映自然资源科技创新活动程度和技术创新水平。较高的自然资源知识扩散与应用能力是创新型强国的共同特征之一。

一、自然资源科研机构科技论文发表量重点省（市）领先

从 2020 年自然资源科研机构科技论文发表量来看，北京、广东、山东、吉林、湖北和江苏位于全国前列，并且高于全国平均水平（图 3-18），这 6 个省（市）的科技论文发表量占全国的 67%。与 2019 年相比，北京科技论文发表量在全国的占比进一步提高，这表明其在科技论文这一项创新成果产出方面具有较大的潜力和优势。吉林跻身全国第四位，说明吉林在自然资源方面的科研水平进一步提高，同样具有较大的潜力和优势。

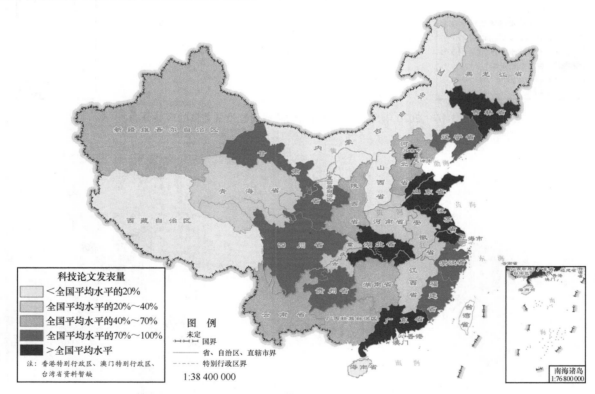

图 3-18　2020 年自然资源科研机构科技论文发表量的区域分布

二、自然资源科研机构科技著作出版种类地域分布鲜明，优势突出

从 2020 年自然资源科研机构科技著作出版种类来看，北京、广东、山东、浙江、吉林、四川、湖北和甘肃 8 个省（市）位于全国前列，并且均高于全国平均水平（图 3-19），占比之和为66.84%，表明这 8 个省（市）科技著作出版种类丰富、创新成果研究范围广，在全国范围内具有领先优势。相比而言，山西、西藏、海南、安徽和内蒙古等科技著作出版种类与全国平均水平相差较

远，说明这些地区的科技著作出版种类较为单一，创新成果研究范围有待拓宽。

三、自然资源科研机构专利申请受理量总体增长，产出能力普遍提高

从 2020 年自然资源科研机构专利申请受理量来看，广东、北京、山东、吉林、辽宁、河北、湖北和浙江 8 个省（市）高于全国平均水平（图 3-20），并且名列全国前八位，约占全国的 72%。与 2019 年相比，自然资源科研机构专利申请受理量总体增长幅度大，产出能力普遍提高；广东、山东两省的优势更加凸显，表明其在专利申请受理量这一创新成果方面具有较高的产出能力；北京的增速较快，显示出了显著的 R&D 人才优势和较强的创新成果产出能力。

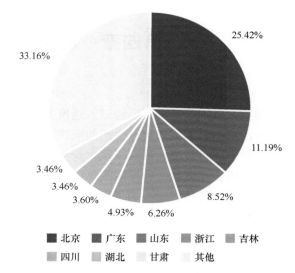

图 3-19　2020 年自然资源科研机构科技著作出版种类的区域分布

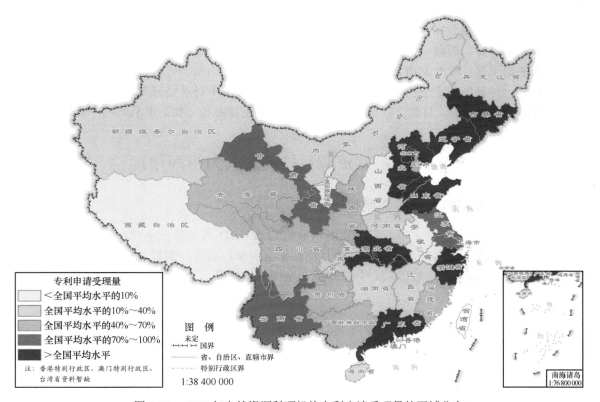

图 3-20　2020 年自然资源科研机构专利申请受理量的区域分布

第四章　区域自然资源科技创新贡献

当前，我国经济发展已经进入速度变化、结构优化和动力转换的新时代。建设生态文明、保护绿水青山、满足人民对美好生活的向往，都对自然资源科技创新提出了新的更高要求。在党中央的正确领导下，科技事业形成了从理论到战略再到行动的完整体系，推动我国科技创新发生历史性变化、取得历史性成就，为环境改善、国家发展、人民幸福奠定了坚实的物质基础。

自然资源科技创新人力资源的综合素质决定了自然资源科技创新能力提升的速度和幅度。2020年，从我国各省（区、市）自然资源科研机构 R&D 人员总量来看，北京、广东、山东、吉林、湖北和辽宁排在前六位；但从 R&D 人员中自然资源科研机构 R&D 人员的占比来看，青海、甘肃、贵州、西藏、内蒙古、宁夏、新疆、吉林、海南和云南排在前十位；从 R&D 人员折合全时工作量中自然资源科研机构 R&D 人员折合全时工作量的占比来看，宁夏、青海、西藏、吉林、新疆、甘肃、海南和北京排在前八位，并且均高于全国平均水平；从 R&D 博士学历人员中自然资源科研机构 R&D 博士学历人员的占比来看，除青海、山东两省外，其他省（区、市）均未超过 10%。

创新成果产出是指科学研究与技术创新活动所产生的各种形式的中间成果，是科技创新水平和能力的重要体现。2020年，从我国各省（区、市）自然资源科研机构科技论文发表量来看，北京、广东、山东、吉林、湖北和江苏排在前六位；从科技论文发表量中自然资源科研机构科技论文发表量的占比来看，青海、西藏、贵州、新疆、甘肃、吉林、广东、海南、宁夏和广西排在前十位，并且高于全国平均水平；从专利申请受理量来看，广东、北京、山东、吉林、辽宁、河北、湖北和浙江位列前八名，并且均高于全国平均水平；从专利申请受理量中自然资源科研机构专利申请受理量的占比来看，吉林、青海、甘肃、西藏、辽宁、北京和云南排在前七位，并且均高于全国平均水平。

第一节　自然资源科技创新人力资源结构

一、自然资源科技创新东西差距明显

从 2020 年我国各省（区、市）自然资源科研机构的 R&D 人员总量来看，北京、广东、山东、吉林、湖北和辽宁排在前六位（图 4-1），并且均高于全国平均水平；新疆、青海、西藏、内蒙古和宁夏等的 R&D 人员总量排名较靠后，并且均低于全国平均水平。

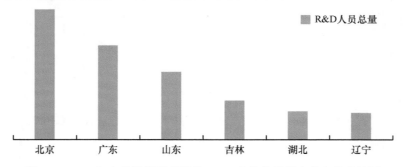

图 4-1　2020 年自然资源科研机构 R&D 人员总量排在前六位的地区

从 2020 年我国各省（区、市）R&D 人员中自然资源科研机构 R&D 人员的占比来看，青海、甘肃、贵州、西藏、内蒙古、宁夏、新疆、吉林、海南和云南排在前十位（图 4-2），并且青海、甘肃、贵州、西藏、内蒙古、宁夏和新疆均高于全国平均水平。其中，青海十分突出，是全国平均水平的 7.86 倍，甘肃和贵州分别是全国平均水平的 2.19 倍和 2.13 倍。从地区分布上可以看出，2018～2020 年青海、西藏、甘肃和新疆 4 个省（区）R&D 人员中自然资源科研机构 R&D 人员的占比均位于我国前列，即西部地区的 R&D 人员中自然资源科研机构的 R&D 人员占比较高，相比而言，中东部地区占比较低。这说明西部地区科研机构的 R&D 人员大多集中于自然资源研究领域，科技发展对自然资源的依赖性较强。

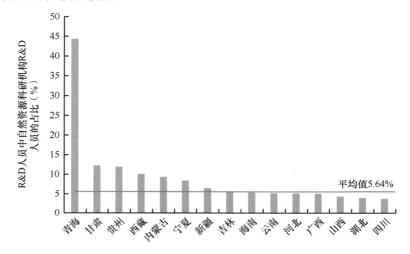

图 4-2　2020 年 R&D 人员中自然资源科研机构 R&D 人员的占比排在前十五位的地区

2020 年，我国自然资源科研机构 R&D 人员折合全时工作量区域分布梯次分明，北京、广东、山东、吉林、辽宁和湖北排在前六位（图 4-3），并且均高于全国平均水平；西藏、海南、内蒙古、宁夏、青海和新疆等排名靠后，并且均低于全国平均水平的 50%。

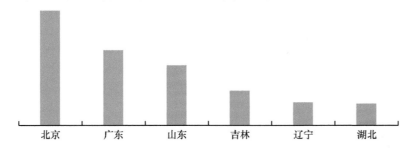

图 4-3　2002 年自然资源科研机构 R&D 人员折合全时工作量排在前六位的地区

从 2020 年我国各省（区、市）R&D 人员折合全时工作量中自然资源科研机构 R&D 人员折合全时工作量的占比来看，宁夏、青海、西藏、吉林、新疆、甘肃、海南和北京排在前八位（图 4-4），并且均高于全国平均水平。可以看出，西部地区 R&D 人员折合全时工作量中自然资源科研机构 R&D 人员折合全时工作量的占比较高，中东部地区的占比较低。与 2019 年相比，2020 年宁夏和吉林 R&D 人员折合全时工作量中自然资源科研机构 R&D 人员折合全时工作量的占比上升幅度尤其明显，青海、西藏、新疆、甘肃、海南和北京的排名略有下降。

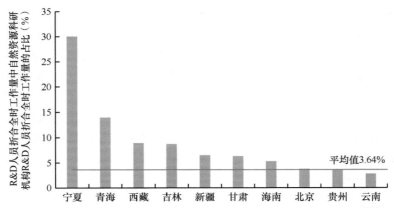

图 4-4　2020 年 R&D 人员折合全时工作量中自然资源科研机构 R&D 人员折合全时工作量的占比排在前十位的地区

二、R&D 人员学历结构区域差异明显

从 2020 年我国各省（区、市）自然资源科研机构 R&D 博士学历人员数量来看，北京、广东、山东、吉林、湖北和江苏排在前六位（图 4-5），并且均高于全国平均水平，这说明东部地区的自然资源科研创新人力资源丰富。2020 年，北京的自然资源科研机构 R&D 博士学历人员数量占绝对优势，分别是第二名广东、第三名山东的 1.61 倍、2.02 倍，R&D 博士学历人员数量较少的是山西、西藏和宁夏。

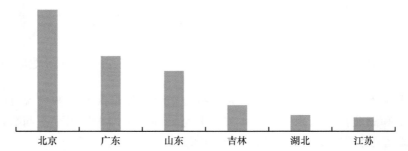

图 4-5　2020 年自然资源科研机构 R&D 博士学历人员数量排在前六位的地区

2020 年，我国各省（区、市）R&D 博士学历人员中自然资源科研机构 R&D 博士学历人员的占比较低，除青海、山东两省外，其他省（区、市）均未超过 10%；从区域分布来看，青海、山东、新疆、吉林、贵州、广东、甘肃、北京、西藏和海南排在前十位，并且均高于全国平均水平（图 4-6）。

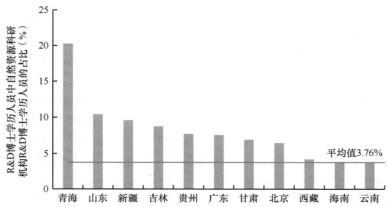

图 4-6　2020 年 R&D 博士学历人员中自然资源科研机构 R&D 博士学历人员的占比排在前十一位的地区

2020 年山东、广东和吉林的自然资源科研机构 R&D 博士学历人员数量及其占地区的比例均较高，说明这 3 个省份自然资源科技创新高水平人力资源占据较大优势。青海、新疆和贵州的自然资源科研机构 R&D 博士学历人员数量与全国平均水平相比并不高，但 R&D 博士学历人员数量占地区的比例却较高，说明这些地区的科技创新高水平人力资源对自然资源领域的依赖性较强。

第二节　自然资源科研机构科技创新成果产出

一、自然资源科研机构科技论文发表量

从 2020 年我国各省（区、市）自然资源科研机构科技论文发表量来看，北京、广东、山东、吉林、湖北和江苏排在前六位（图 4-7），并且均高于全国平均水平。从 2020 年我国各省（区、市）科技论文发表量中自然资源科研机构科技论文发表量的占比来看，青海、西藏、贵州、新疆、甘肃、吉林、广东、海南、宁夏和广西排在前十位（图 4-8），并且均高于全国平均水平。与 2019 年相比，2020 年青海科技论文发表量中自然资源科技论文发表量的占比上升近 23%，远远高出其他省（区、市），甘肃、吉林、海南、宁夏、广西等省（区）有较大幅度的提高，山东、广东两个大省的占比下降明显。

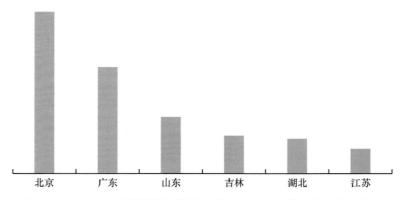

图 4-7　2020 年自然资源科研机构科技论文发表量排在前六位的地区

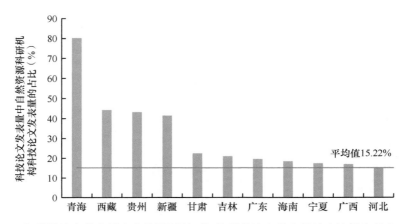

图 4-8　2020 年科技论文发表量中自然资源科研机构科技论文发表量的占比排在前十一位的地区

2020 年，广东的自然资源科研机构科技论文发表量及其占地区的比例均超过全国平均水平，

这说明广东科技创新产出水平较高，原始创新能力强；2019 年，山东的科技创新产出水平较高，原始创新能力强。但是 2020 年广东和山东两省的占比相比 2019 年都有较大幅度的下降，这说明这些地区的经济发展转型对应科研领域整体结构的变化。青海、西藏、贵州、新疆、甘肃、海南、宁夏和广西科技论文发表量中自然资源科研机构科技论文发表量的占比超过全国平均水平，但自然资源科研机构科技论文发表量较低，这说明这些地区科技产出贡献主要来源于自然资源领域，地区科技发展对自然资源有依赖性。

二、自然资源科研机构专利申请受理量

从 2020 年我国各省（区、市）自然资源科研机构专利申请受理量来看，广东、北京、山东、吉林、辽宁、河北、湖北和浙江排在前八位（图 4-9），并且均高于全国平均水平。从 2020 年我国各省（区、市）专利申请受理量中自然资源科研机构专利申请受理量的占比来看，吉林、青海、甘肃、西藏、辽宁、北京和云南排在前七位（图 4-10），并且均高于全国平均水平，其中吉林与青海较为突出。与 2019 年相比，2020 年吉林、甘肃、辽宁、北京和云南的排名有所上升，青海和河北等的排名有所下降。可以看出，青海等西部地区在专利申请受理方面，对自然资源领域依赖性比较强。另外，我们注意到，与 2019 年相比，2020 年各省（区、市）专利申请受理量中自然资源科研机构专利申请受理量的占比呈现整体的断崖式下跌，可见随着我国经济社会的发展，科技创新发展中专利结构出现结构性调整。

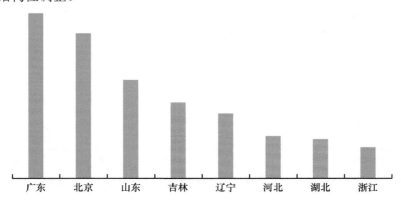

图 4-9　2020 年自然资源科研机构专利申请受理量排在前八位的地区

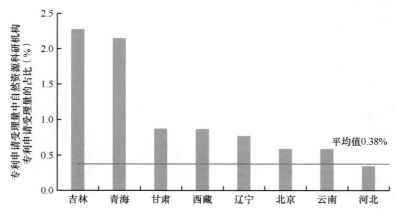

图 4-10　2020 年专利申请受理量中自然资源科研机构专利申请受理量的占比排在前八位的地区

第五章 我国自然资源领域国民经济行业科技创新专题分析

科技创新是自然资源领域国民经济行业发展的基础，也是推动其持续发展的动力。本章从自然资源科技创新人力资源投入、自然资源科技创新经费投入、自然资源科技创新成果产出三个角度对我国自然资源领域国民经济行业中9个大类及科学研究和技术服务业的3个小类分别进行比较分析，清晰地展示了我国自然资源领域国民经济行业在人力、经费方面的需求及成果产出方面的特点，为自然资源在各行业的优化配置提供了科技支撑和决策依据。

在自然资源科技创新人力资源投入方面，从各行业的从业人员数量来看，科学研究和技术服务业，农、林、牧、渔业，以及采矿业3个行业排在前三位，其中科学研究和技术服务业的从业人员数量是行业平均水平的6倍多。

在自然资源科技创新经费投入方面，从各行业的R&D经费内部支出来看，科学研究和技术服务业的R&D经费内部支出远远超过其他行业，高于行业平均水平。

在自然资源科技创新成果产出方面，本章具体观测科技论文发表量、科技著作出版量和专利申请受理量3个指标。科学研究和技术服务业与农、林、牧、渔业两个行业的科技论文发表量、科技著作出版量、专利申请受理量均分别位列行业第一名与第二名，体现出其在创新成果产出方面的显著优势。

第一节 自然资源科技创新人力资源投入分析

一、从业人员数量及其组成结构

从各行业的从业人员数量来看，科学研究和技术服务业，农、林、牧、渔业，以及采矿业3个行业排在前三位（图5-1），其中科学研究和技术服务业的从业人员数量是行业平均水平的6倍多，农、林、牧、渔业的从业人员数量与行业平均水平基本持平。可见，科学研究和技术服务业在从业人员投入方面有明显优势。

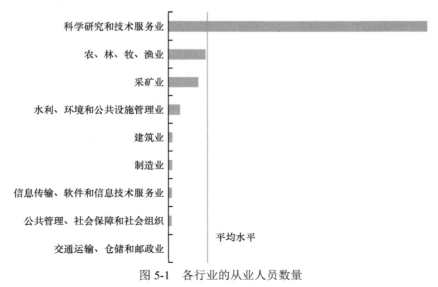

图 5-1　各行业的从业人员数量

在科学研究和技术服务业中，专业技术服务业的从业人员数量是行业平均水平的 2 倍多（图 5-2），相较于研究和试验发展、科技推广和应用服务业在从业人员数量方面有明显优势。

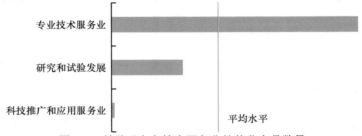

图 5-2　科学研究和技术服务业的从业人员数量

从各行业的从业人员学历结构来看，水利、环境和公共设施管理业，科学研究和技术服务业，农、林、牧、渔业，以及制造业 4 个行业的从业人员中博士和硕士学历人员占比排在前四位，并且均高于行业平均水平（图 5-3）。其中，水利、环境和公共设施管理业与科学研究和技术服务业的占比保持在 30% 以上，分别为 33.96% 和 31.15%，农、林、牧、渔业和制造业的占比达到了 25% 以上，分别为 28.75% 和 28.72%，反映出各类行业对高学历人才的需求。

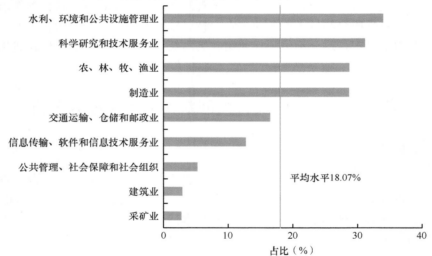

图 5-3　各行业的从业人员中博士和硕士学历人员占比

在科学研究和技术服务业中，研究和试验发展的从业人员中博士和硕士学历人员占比远高于行业平均水平（图 5-4），体现了研究和试验发展相较于专业技术服务业、科技推广和应用服务业在高学历人才方面有更加旺盛的需求。

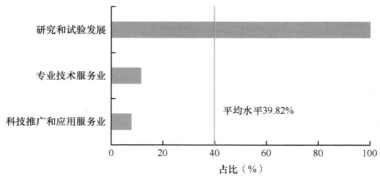

图 5-4　科学研究和技术服务业的从业人员中博士和硕士学历人员占比

二、R&D 人员总量与全时人员数量

从各行业的 R&D 人员总量来看，科学研究和技术服务业及农、林、牧、渔业的 R&D 人员总量较高（图 5-5），并且均高于行业平均水平。其中，科学研究和技术服务业的 R&D 人员总量是行业平均水平的 6.48 倍，与其他行业相比有明显优势。

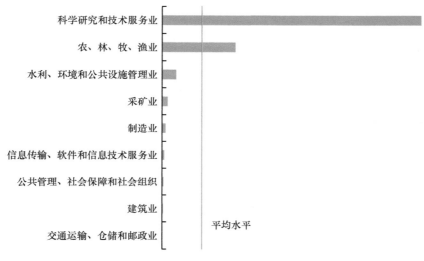

图 5-5　各行业的 R&D 人员总量

在科学研究和技术服务业中，研究和试验发展、专业技术服务业的 R&D 人员总量均高于行业平均水平（图 5-6），相较于科技推广和应用服务业有绝对优势。

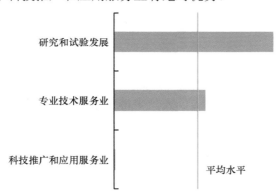

图 5-6　科学研究和技术服务业的 R&D 人员总量

从各行业的全时人员数量来看，科学研究和技术服务业及农、林、牧、渔业排在前两位（图 5-7），并且均高于行业平均水平，其中科学研究和技术服务业的全时人员数量是行业平均水平的 6 倍多。

在科学研究和技术服务业中，研究和试验发展、专业技术服务业的全时人员数量均高于行业平均水平（图 5-8），其中研究和试验发展的全时人员数量是行业平均水平的 1.5 倍多，相较于科技推广和应用服务业有明显优势。

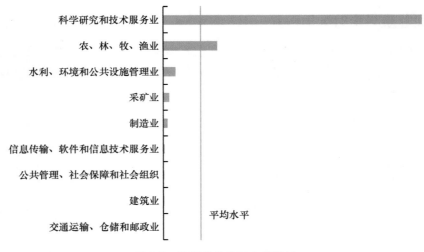

图 5-7　各行业的全时人员数量

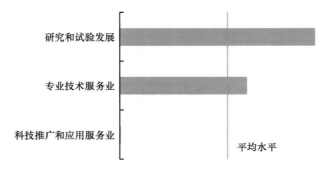

图 5-8　科学研究和技术服务业的全时人员数量

三、R&D 人员结构

从 R&D 人员学历结构来看，交通运输、仓储和邮政业，公共管理、社会保障和社会组织，以及科学研究和技术服务业 3 个行业的 R&D 人员中博士学历人员占比排在前三位（图 5-9）。其中，交通运输、仓储和邮政业及公共管理、社会保障和社会组织两个行业的 R&D 人员中博士学历人员

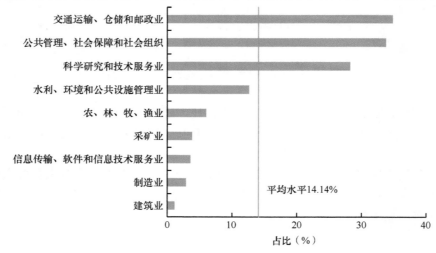

图 5-9　各行业的 R&D 人员中博士学历人员占比

占比均高于 30%，分别为 34.86% 和 33.82%；科学研究和技术服务业的 R&D 人员中博士学历人员占比为 28.31%，高于行业平均水平。

在科学研究和技术服务业中，研究和试验发展的 R&D 人员中博士学历人员占比高于行业平均水平（图 5-10），为 43.60%，由此可见，研究和试验发展相较于专业技术服务业、科技推广和应用服务业对高学历 R&D 人员有迫切需求。

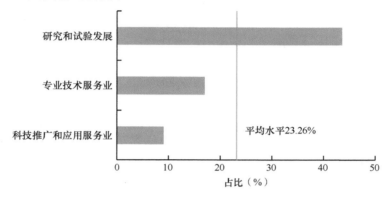

图 5-10　科学研究和技术服务业的 R&D 人员中博士学历人员占比

第二节　自然资源科技创新经费投入分析

从各行业的 R&D 经费内部支出来看，科学研究和技术服务业的 R&D 经费内部支出远远超过其他行业（图 5-11），高于行业平均水平，其后依次是农、林、牧、渔业及水利、环境和公共设施管理业两个行业。科学研究和技术服务业的 R&D 经费内部支出是行业平均水平的 7 倍多，表明这一行业研究规模与研究经费支出庞大。

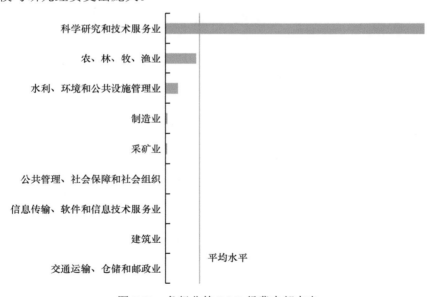

图 5-11　各行业的 R&D 经费内部支出

在科学研究和技术服务业中，研究和试验发展的 R&D 经费内部支出是行业平均水平的 2 倍多（图 5-12），并且其 R&D 经费内部支出远高于专业技术服务业与科技推广和应用服务业，这表明在科学研究和技术服务业中，研究和试验发展的研究规模与经费占很大比例。

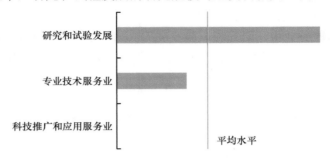

图 5-12   科学研究和技术服务业的 R&D 经费内部支出

从各行业的 R&D 人均经费内部支出来看，科学研究和技术服务业，水利、环境和公共设施管理业，以及制造业 3 个行业的 R&D 人均经费内部支出均高于行业平均水平（图 5-13），反映出这些行业研究的高成本特性。

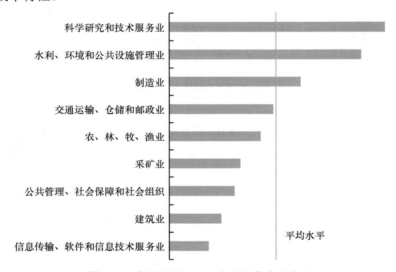

图 5-13   各行业的 R&D 人均经费内部支出

在科学研究和技术服务业中，研究和试验发展的 R&D 人均经费内部支出高于行业平均水平（图 5-14），专业技术服务业的 R&D 人均经费内部支出接近行业平均水平，这表明在科学研究和技术服务业中，研究和试验发展的高成本特性更为突出。

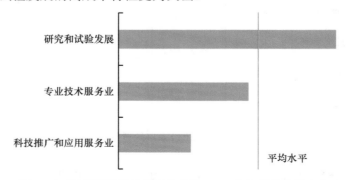

图 5-14   科学研究和技术服务业的 R&D 人均经费内部支出

　　从各行业的 R&D 经费日常性支出构成来看，建筑业，交通运输、仓储和邮政业，信息传输、软件和信息技术服务业，以及采矿业 4 个行业的 R&D 经费日常性支出中人员劳务费占绝大比例（图 5-15），均在 70% 以上，反映了这些行业相对较高的用人成本。

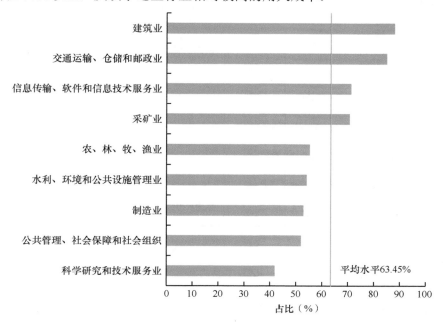

图 5-15　各行业的 R&D 经费日常性支出中人员劳务费占比

　　从各行业的 R&D 经费内部支出的用途构成来看，大多数行业主要用于试验发展和应用研究（图 5-16）。公共管理、社会保障和社会组织的 R&D 经费内部支出中，应用研究占比为 71.93%，采矿业及水利、环境和公共设施管理业用于应用研究的 R&D 经费内部支出占比高于 50%；交通运输、仓储和邮政业，建筑业，以及制造业等行业的 R&D 经费内部支出主要用于试验发展；科学研究和技术服务业的 R&D 经费内部支出主要投入基础研究。

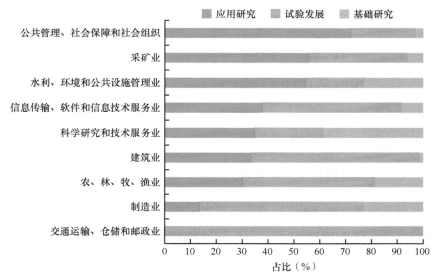

图 5-16　各行业的 R&D 经费内部支出的用途构成

从各行业的 R&D 经费内部支出的来源来看，大部分行业企业资金占比较小，平均水平为 14.30%（图 5-17）。其中，建筑业的 R&D 经费内部支出中企业资金占比表现突出，远超其他行业，占比高达 56.77%，展现出建筑业 R&D 活动强劲的企业活力。

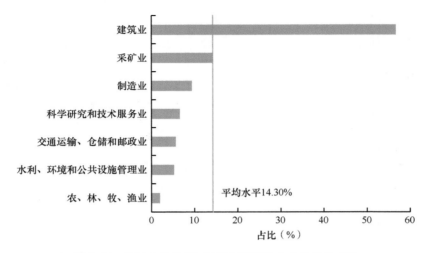

图 5-17   各行业的 R&D 经费内部支出中企业资金占比

从各行业的 R&D 经费内部支出中资产性支出来看，科学研究和技术服务业远远高于其他行业（图 5-18），是行业平均水平的 7.99 倍，这与该行业对基本建设要求高的特性相吻合。

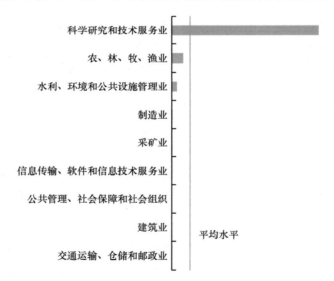

图 5-18   各行业的 R&D 经费内部支出中资产性支出

从科学研究和技术服务业的 R&D 经费内部支出中资产性支出来看，研究和试验发展的资产性支出高于行业平均水平（图 5-19），体现了在科学研究和技术服务业中研究和试验发展对于基本建设有更高的要求。

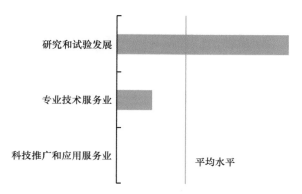

图 5-19　科学研究和技术服务业的 R&D 经费内部支出中资产性支出

第三节　自然资源科技创新成果产出分析

一、科技论文发表量

科学研究和技术服务业与农、林、牧、渔业两个行业的科技论文发表量较高，均高于行业平均水平（图 5-20）。其中，科学研究和技术服务业的科技论文发表量最高，是行业平均水平的 6.98 倍，在该项创新成果产出上有显著优势。

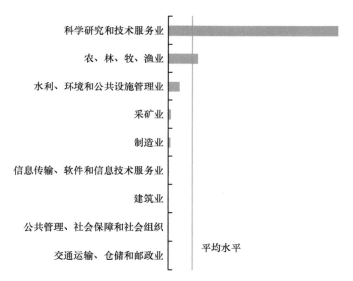

图 5-20　各行业的科技论文发表量

在科学研究和技术服务业中，研究和试验发展的科技论文发表量是行业平均水平的 2 倍多（图 5-21），体现了在科学研究和技术服务业中研究和试验发展有较为突出的创新成果产出。

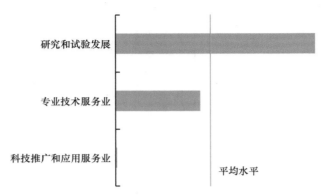

图 5-21　科学研究和技术服务业的科技论文发表量

二、科技著作出版量

科学研究和技术服务业，农、林、牧、渔业，以及水利、环境和公共设施管理业 3 个行业的科技著作出版量位列行业前三名（图 5-22）。与科技论文发表量一致，科学研究和技术服务业在科技著作出版量方面也明显高于其他行业。

在科学研究和技术服务业中，研究和试验发展及专业技术服务业的科技著作出版量均高于行业平均水平（图 5-23）。其中，研究和试验发展的科技著作出版量是行业平均水平的 1.67 倍。

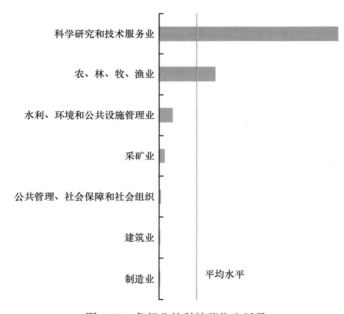

图 5-22　各行业的科技著作出版量

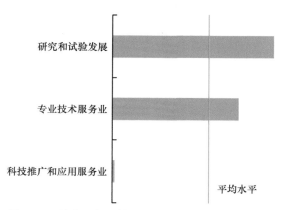

图 5-23　科学研究和技术服务业的科技著作出版量

三、专利申请受理量

科学研究和技术服务业及农、林、牧、渔业两个行业的专利申请受理量高于行业平均水平（图 5-24），分别是行业平均水平的 6.46 倍和 1.56 倍，在该项成果产出上表现出明显优势。

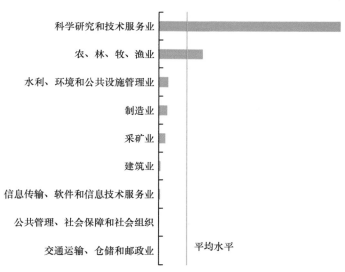

图 5-24　各行业的专利申请受理量

在科学研究和技术服务业中，研究和试验发展的专利申请受理量是行业平均水平的 2.21 倍，如图 5-25 所示。

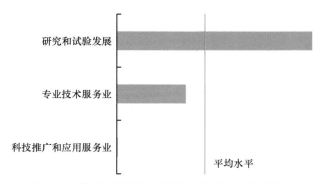

图 5-25　科学研究和技术服务业的专利申请受理量

第二部分

区域专题

第六章　长江经济带自然资源科技创新评估分析

《长江经济带发展规划纲要》围绕"生态优先、绿色发展"的基本思路，确立了长江经济带"一轴、两翼、三极、多点"的发展新格局；《长三角科技创新共同体建设发展规划》也提出要协同提升自主创新能力、构建开放融合的创新生态环境、共同推进开放创新以推动长三角科技创新共同体建设。

根据 2020 年长江经济带 11 个省（市）的自然资源科技创新指数得分，将其分为 4 个梯次，各梯次自然资源科技创新能力分布梯次分明。第一梯次为湖北、上海和浙江，其自然资源科技创新指数得分分别为 56.38、48.12 和 46.13；第二梯次包括江苏、四川和安徽，其自然资源科技创新指数得分为 31~40；位于第三梯次的是重庆、云南、贵州和湖南；位于第四梯次的是江西。比较来看，长江经济带各省（市）自然资源科技创新能力优劣势明显。

第一节　长江经济带自然资源科技创新综合评估

一、自然资源科技创新梯次分明

根据 2020 年长江经济带自然资源科技创新指数得分，将 11 个省（市）分为 4 个梯次，如表 6-1 和图 6-1 所示。第一梯次为湖北、上海和浙江，其自然资源科技创新指数得分分别为 56.38、48.12 和 46.13；第二梯次包括江苏、四川和安徽，其自然资源科技创新指数得分为 31~40，分别为 39.52、39.13 和 31.59；位于第三梯次的是重庆、云南、贵州和湖南，其自然资源科技创新指数得分分别为 28.66、28.50、26.63 和 25.14；位于第四梯次的是江西，其自然资源科技创新指数得分较低，为 12.63。

表 6-1　2020 年长江经济带自然资源科技创新指数与分指数得分及创新投入产出比

省（市）	综合指数	分指数				创新投入产出比
	自然资源科技创新（A）	创新资源（B_1）	创新环境（B_2）	知识创造（B_3）	创新绩效（B_4）	
湖北	56.38	53.94	59.23	84.63	27.71	0.99
上海	48.12	70.23	62.26	23.45	36.56	0.45
浙江	46.13	34.11	33.53	79.82	37.05	1.73
江苏	39.52	40.88	35.67	48.04	33.49	1.07
四川	39.13	40.25	39.36	41.31	35.60	0.97
安徽	31.59	55.22	35.61	5.46	30.07	0.39
重庆	28.66	15.41	14.74	26.69	57.81	2.80
云南	28.50	29.55	37.16	42.89	4.41	0.71
贵州	26.63	32.94	37.80	19.47	16.31	0.51
湖南	25.14	29.20	33.72	22.19	15.46	0.60
江西	12.63	5.33	8.37	14.76	22.07	2.69

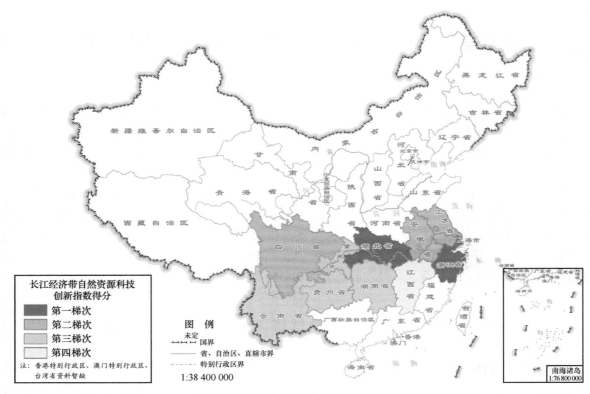

图 6-1　2020 年长江经济带自然资源科技创新指数得分的空间分布

二、各省（市）自然资源科技创新优劣势明显

　　从自然资源科技创新指数来看，2020 年长江经济带 11 个省（市）得分超过平均分（34.77）的有湖北、上海、浙江、江苏和四川，如图 6-2 所示。从分指数来看，11 个省（市）都有自己的优势和劣势。以上海为例，创新资源分指数得分很高，为 70.23，这说明上海具有丰富的创新资源；同时，上海的创新环境分指数得分也位居第一，为 62.26，这说明上海在创新环境上也拥有较大的优势；但是上海的知识创造分指数得分仅为 23.45，这导致上海在总体排名上落后于湖北。此外，安徽在

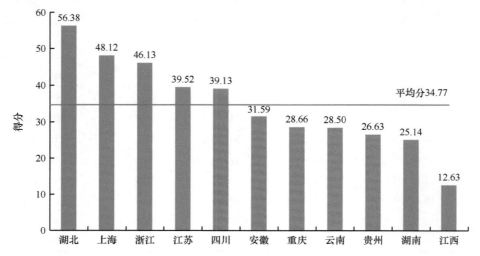

图 6-2　2020 年长江经济带 11 个省（市）自然资源科技创新指数得分及平均分

创新资源上表现良好，得分为 55.22，排名第二，但是安徽的知识创造分指数得分仅为 5.46，排名末位，这导致安徽的总体得分较低。

第二节　长江经济带自然资源科技创新分指数评估

一、创新资源分指数东部沿海领先

从创新资源分指数来看，2020 年长江经济带 11 个省（市）得分超过平均分（37.01）的有上海、安徽、湖北、江苏和四川，如图 6-3 所示。其中，上海的创新资源分指数得分最高，为 70.23，这主要得益于较高的研究与发展经费投入强度和较大的固定资产投入力度；安徽排名第二，得分为 55.22，相较于上海，安徽的研究与发展经费投入强度更高，但是研究与发展人力投入强度较低，因此排名落后于上海；湖北的创新资源分指数得分为 53.94，该地区拥有较高的科技活动人员投入和自然资源系统 R&D 人员数量；江苏的创新资源分指数得分为 40.88，主要贡献来自该地区较高的研究与发展人力投入强度；四川的创新资源分指数得分为 40.25，该地区具有较高的科技活动人员投入和研究与发展经费投入强度。

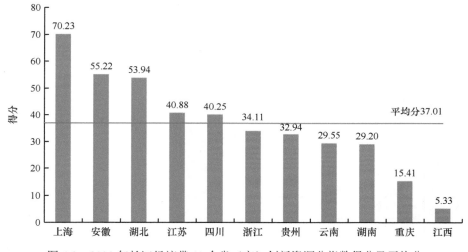

图 6-3　2020 年长江经济带 11 个省（市）创新资源分指数得分及平均分

二、创新环境分指数梯次差异明显

从创新环境分指数来看，2020 年长江经济带 11 个省（市）得分存在明显的差异断层，得分超过平均分（36.13）的为上海、湖北、四川、贵州和云南，但得分明显高于平均分的只有上海和湖北，如图 6-4 所示。其中，上海的创新环境分指数得分为 62.26，这主要得益于较高的科技活动经费投入，并且科学仪器设备占资产的比例较高；湖北的创新环境分指数得分为 59.23，与除上海之外的其他地区相比湖北具有明显的领先优势，这主要得益于 R&D 课题投入力度较大，同时湖北的其他各项指数没有明显短板，得分较为平衡；四川的创新环境分指数得分为 39.36，自然资源系统科研机构数量对该分指数做出了主要贡献；贵州的创新环境分指数得分为 37.80，该地区具有最大的自然资源系统科研机构数量，同时贵州也拥有较大的 R&D 课题投入力度；云南的创新环境分指数得分为 37.16，和贵州相似，其主要贡献来自较高的自然资源系统科研机构数量和 R&D 课题投入力度。

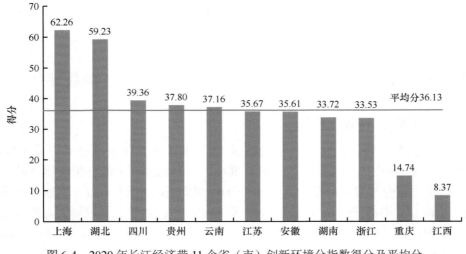

图 6-4　2020 年长江经济带 11 个省（市）创新环境分指数得分及平均分

三、知识创造分指数呈阶梯状分布

2020 年长江经济带 11 个省（市）的知识创造分指数得分呈阶梯状分布，如图 6-5 所示，得分超过平均分（37.16）的是湖北、浙江、江苏、云南和四川。其中，湖北、浙江的得分位于高层阶梯；江苏、云南、四川的得分位于次高层阶梯；重庆、上海、湖南、贵州、江西和安徽的得分位于低层阶梯，并且均低于平均分。

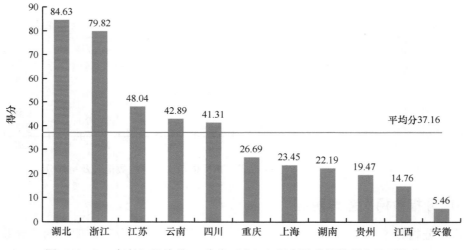

图 6-5　2020 年长江经济带 11 个省（市）知识创造分指数得分及平均分

2020 年湖北的知识创造分指数得分为 84.63，这主要得益于较高的发明专利授权量和发表科技论文数，国家或行业标准数也处于领先地位；浙江的知识创造分指数得分为 79.82，主要是因为本年出版科技著作和软件著作权量较高；江苏的知识创造分指数得分为 48.04，其主要贡献来自发明专利授权量和发表科技论文数，但该地区的国家或行业标准数较低；云南的知识创造分指数得分为 42.89，这主要得益于较高的软件著作权量和国家或行业标准数；四川的知识创造分指数得分为 41.31，这主要得益于较高的本年出版科技著作量。

四、创新绩效分指数两极分化明显

2020 年长江经济带 11 个省（市）的创新绩效分指数得分在 4 个分指数中偏低，并且差距较大，两极分化明显（图 6-6）。其中，重庆的创新绩效分指数得分为 57.81，远高于平均分及其他地区的得分，是第二名浙江得分的 1.56 倍，得分最低的云南与重庆有着数量级的差距，其主要贡献来自单位专利科技成果转化收入和科技成果转化效率；浙江的创新绩效分指数得分为 37.05，该地区有效发明专利产出效率较高；上海的创新绩效分指数得分为 36.56，这主要得益于有效发明专利产出效率较高；四川的创新绩效分指数得分为 35.60，其主要贡献来自较高的单位专利科技成果转化收入；江苏的创新绩效分指数得分为 33.49，其万名科研人员发表的科技论文数最高，但是由于其他指数贡献不高，因此其总体得分较低；安徽的创新绩效分指数得分为 30.07，这主要得益于单位课题的科技论文发表数较高，但是其万名科研人员发表的科技论文数较低，导致其得分仅略高于平均分（28.78）。

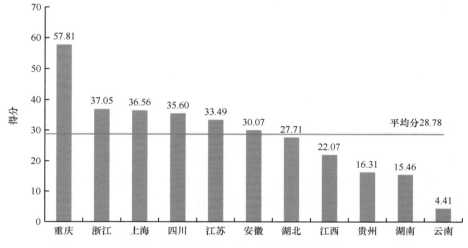

图 6-6　2020 年长江经济带各省（市）创新绩效分指数得分及平均分

第七章　黄河生态带自然资源科技创新评估分析

黄河流经青海、四川、甘肃、宁夏、内蒙古、山西、陕西、河南和山东9个省（区），全长5464km，流域面积75万km²，是我国仅次于长江的第二长河，是中华文明的主要发祥地，也是我国重要的生态屏障、重要的经济地带和巩固好全面建成小康社会成果的重要区域，战略地位极其重要。如今，黄河流域生态保护和高质量发展，同京津冀协同发展、长江经济带发展、粤港澳大湾区建设、长三角一体化发展一样，上升为重大国家战略。

黄河生态带发展进程中自然资源的重要作用不言而喻，在自然资源科技创新领域着力提升科技创新能力、取得原创性和突破性的成果、实现高水平科技自立自强，将全面推动黄河流域生态建设和高质量发展。

2020年，黄河生态带各省（区）自然资源科技创新能力区域差距较大，山东仍保持领先地位。

第一节　黄河生态带自然资源科技创新综合评估

一、自然资源科技创新得分区域差距较大

依据2020年黄河生态带自然资源科技创新指数得分，可将9个省（区）分为4个梯次，各梯次间存在较大差距，如表7-1和图7-1所示。第一梯次为山东，其自然资源科技创新指数得分为83.30，远超其他省（区），是黄河生态带平均分（29.16）的2.86倍；第二梯次为四川和甘肃，其自然资源科技创新指数得分分别为47.12和30.54，仍然高于平均分；第三梯次为陕西和河南，这两个省份的自然资源科技创新指数得分低于平均分，但高于平均分的65%，分别为24.96和20.12，综合创新能力相对前两个梯次稍弱；第四梯次为青海、内蒙古、宁夏和山西，其自然资源科技创新指数得分较低，分别为17.81、16.26、11.45和10.86，这些省（区）自然资源科技创新领域自身发展动力远不如其他省（区），尤其是山西，虽然其科技创新对于自然资源的依赖性较强，但自然资源领域科技创新较弱，急需强化战略引领、找准创新发展的方向路径，通过提升自然资源科技创新能力推动地区综合创新发展。

表 7-1　2020 年黄河生态带自然资源科技创新指数与分指数得分及创新投入产出比

省（区）	综合指数	分指数				创新投入产出比
	自然资源科技创新（A）	创新资源（B_1）	创新环境（B_2）	知识创造（B_3）	创新绩效（B_4）	
山东	83.30	84.18	95.90	100.00	53.13	0.85
四川	47.12	45.58	47.13	35.09	60.70	1.03
甘肃	30.54	26.12	33.56	38.16	24.33	1.05
陕西	24.96	35.92	11.69	22.63	29.61	1.10
河南	20.12	17.80	9.87	19.73	33.06	1.91

续表

省（区）	综合指数	分指数				创新投入产出比
	自然资源科技创新（A）	创新资源（B₁）	创新环境（B₂）	知识创造（B₃）	创新绩效（B₄）	
青海	17.81	13.39	21.63	9.22	27.00	1.03
内蒙古	16.26	16.90	12.60	2.37	33.19	1.21
宁夏	11.45	27.37	3.65	12.16	2.63	0.48
山西	10.86	20.31	1.54	1.58	20.00	0.99

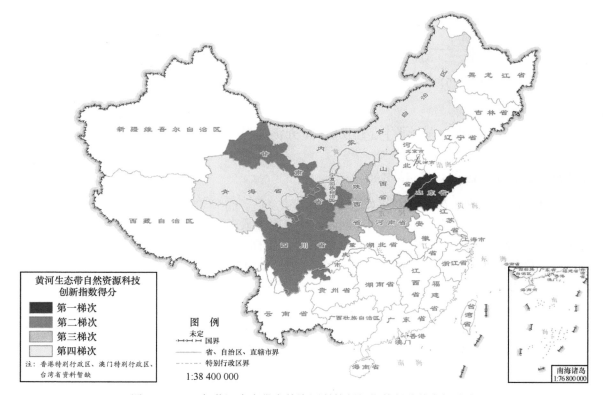

图 7-1　2020 年黄河生态带自然资源科技创新指数得分的空间分布

二、自然资源科技创新能力两极差距较大

第一梯次是自然资源科技创新能力位居黄河生态带首位的山东（图 7-2），自然资源科技创新指数得分远高于其他省（区），是第二位四川得分的 1.77 倍，其中，创新资源、创新环境和知识创造 3 个分指数得分均位于黄河生态带首位。第二梯次中，四川自然资源科技创新指数得分明显高于平均分（29.16），该地区具备一定的自然资源科技创新基础和创新环境，自然资源科技创新能力较强，长期以来也积累了一定的科技创新资源；甘肃的得分略高于平均分，但显著低于得分第二位的四川。位于第三梯次的河南、陕西的自然资源科技创新指数得分虽低于黄河生态带 9 个省（区）的平均分，但高于平均分的 65%，表明这些地区的自然资源科技创新能力虽弱但极具潜力。位于第四梯次的青海、内蒙古、宁夏和山西的自然资源科技创新指数得分较低，是黄河生态带自然资源科技创新能力较弱的地区。

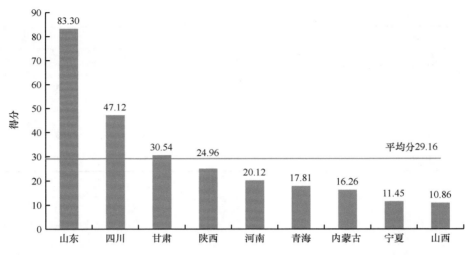

图 7-2　2020 年黄河生态带各省（区）自然资源科技创新指数得分及平均分

第二节　黄河生态带自然资源科技创新分指数评估

一、创新资源分指数区域差异明显

从创新资源分指数来看，2020 年黄河生态带各省（区）得分差异明显。如图 7-3 所示，得分超过 9 个省（区）平均分的有山东、四川和陕西，山东得分最高，为第一阶梯，四川和陕西为第二阶梯，宁夏与甘肃得分接近，为第三阶梯，山西为第四阶梯，河南和内蒙古得分接近，为第五阶梯，青海的得分最低，处于最后一层阶梯，即 9 个省（区）的得分按照山东、四川、陕西、宁夏、甘肃、山西、河南、内蒙古、青海的顺序可大致分为 6 层阶梯。

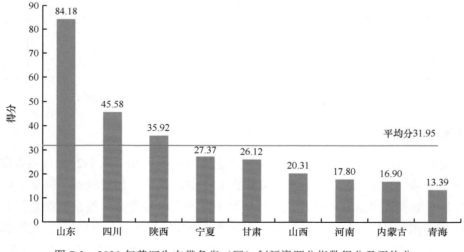

图 7-3　2020 年黄河生态带各省（区）创新资源分指数得分及平均分

2020 年山东的创新资源分指数得分为 84.18，远高于其他省（区），研究与发展人力投入强度、固定资产投入力度和自然资源系统 R&D 人员数量指标得分均位于黄河生态带首位；四川的创新资源分指数得分为 45.58，其科技活动人员投入位于黄河生态带首位，研究与发展经费投入强度较高；

陕西的创新资源分指数得分为 35.92，主要贡献来自较高的研究与发展经费投入强度。

二、创新环境分指数呈阶梯状分布

从创新环境分指数来看，2020 年黄河生态带各省（区）得分呈现明显的阶梯状分布，如图 7-4 所示。山东得分远高于其他省（区），位于第一层阶梯；四川得分明显低于山东，但远高于平均分，位于第二层阶梯；甘肃得分略高于平均分，位于第三层阶梯；青海和内蒙古、陕西、河南得分均低于平均分，但得分差距较大，故分别位于第四层、第五层阶梯；宁夏和山西得分相近，共同位于第六层阶梯。

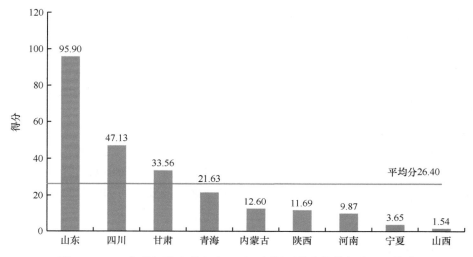

图 7-4　2020 年黄河生态带各省（区）创新环境分指数得分及平均分

2020 年山东的创新环境分指数得分为 95.90，与其他省（区）相比具有明显的领先优势，该分指数的指标除自然资源系统科研机构数量外，其他各项指标得分均位于黄河生态带首位；四川的创新环境分指数得分为 47.13，该地区自然资源系统科研机构数量较高，且 R&D 经费中企业资金的占比较高；甘肃的创新环境分指数得分为 33.56，这主要得益于较高的 R&D 经费中企业资金的占比和自然资源系统科研机构数量。

三、知识创造分指数呈断层状递减

从知识创造分指数来看，2020 年黄河生态带各省（区）得分呈断层状递减，如图 7-5 所示，山东得分为 100.00，以绝对优势远超其他 8 个省（区），位于第一层阶梯；略高于平均分（26.77）的甘肃、四川与略低于平均分的陕西（22.63）共同位于第二层阶梯；河南与宁夏、青海的得分低于平均分且差距较大，分别位于第三层、第四层阶梯；内蒙古与山西得分较低，共同位于第五层阶梯。

山东的知识创造分指数得分是平均分的 3.74 倍，该地区的发明专利授权量、本年出版科技著作、发表科技论文数、软件著作权量和国家或行业标准数均遥遥领先于黄河生态带其他省（区），故山东的自然资源科技创新知识创造能力较强；甘肃与四川的知识创造分指数得分分别为 38.16 与 35.09，两省的知识创造分指数包含的各项指标发展均衡，未来有望实现向好发展；陕西的知识创造分指数得分为 22.63，该地区软件著作权量较高，但其他指标均较低；河南、宁夏与青海的各项指标发展情况均较差；山西及内蒙古的部分指标发展停滞。

黄河生态带内除山东外，其余 8 个省（区）的知识创造分指数得分普遍较低，故山东应充分发

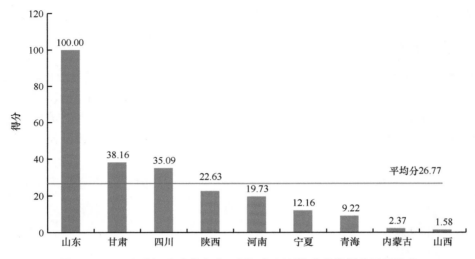

图 7-5　2020 年黄河生态带各省（区）知识创造分指数得分及平均分

挥半岛城市群龙头作用，作为推进沿黄河生态带各省（区）生态保护和高质量发展的主线，紧扣生态保护和高质量发展两个关键，充分发挥五大优势，加强省际联动，主动融入服务黄河战略发展大局。除此之外，在提高知识创造能力的同时，各省（区）必须考虑知识创造需要的成本与面临的风险；更重要的是，在增进区域互惠合作的同时，各省（区）需要全面加强对知识创造和知识产权的保护。

四、创新绩效分指数呈现两极分化

从创新绩效分指数来看，2020 年四川与山东的得分远高于平均分，宁夏远低于平均分，呈现明显的两极分化状态，其余各省（区）呈现出一种平衡态势（图 7-6）。四川创新绩效分指数得分为 60.70，远高于 9 个省（区）的平均分（31.52），出色的单位专利科技成果转化收入与较高的科技成果转化效率为其提供了正贡献；山东创新绩效分指数得分为 53.13，该地区万名科研人员发表的科技论文数和有效发明专利产出效率较高；内蒙古的创新绩效分指数得分为 33.19，略高于平均分，但该地区的科技成果转化效率较高。河南的创新绩效分指数得分为 33.06，同样略高于平均分，这主要得益于较高的单位课题的科技论文发表数和科技成果转化效率。

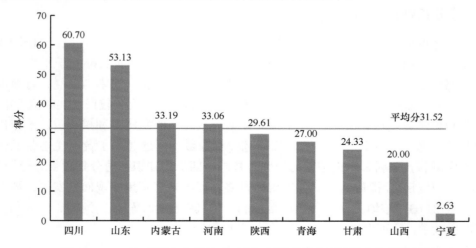

图 7-6　2020 年黄河生态带各省（区）创新绩效分指数得分及平均分

第八章 我国沿海地区自然资源科技创新评估分析

《中国海洋统计年鉴》将"沿海地区"定义为：有海岸线（大陆岸线和岛屿岸线）的地区。我国沿海地区按行政区包括 8 个省、1 个自治区、2 个直辖市。本章以我国的 11 个沿海省（区、市）为评估单元，包括广东、上海、天津、江苏、山东、辽宁、福建、河北、浙江、海南和广西。

从自然资源科技创新指数来看，2020 年我国 11 个沿海省（区、市）可分为 4 个梯次：第一梯次为广东和山东；第二梯次为上海、辽宁和河北；第三梯次包括浙江、江苏、福建、广西和天津；第四梯次为海南。山东作为沿海地区与黄河生态带的交会省份，其自然资源科技创新能力较强，创新资源和知识创造优势突出，创新绩效较高。上海、浙江和江苏是沿海地区与长江经济带的交会省（市），分别位列沿海省（区、市）的第三位、第六位和第七位，在 11 个沿海省（区、市）中，上海的自然资源科技创新能力较为突出。

我国五大经济区中自然资源科技创新能力较强的地区为珠江三角洲经济区、环渤海经济区和长江三角洲经济区。珠江三角洲经济区凭借显著的自然资源科技创新资源、创新环境和产出优势位居第一，自然资源科技创新能力最强。在环渤海经济区，山东的引领和辐射作用较为明显，带动了中部省（市）如辽宁和天津的发展。

我国三大海洋经济圈自然资源科技创新呈现北部、南部强而东部弱的特点。北部海洋经济圈的自然资源科技创新指数得分最高，表现出很强的原始创新能力；南部海洋经济圈的自然资源科技创新指数得分略高于东部海洋经济圈，充分显示出我国海洋人才重要集聚地和海洋经济产业重点发展区域的优势。

第一节 沿海省（区、市）自然资源科技创新综合评估

一、自然资源科技创新梯次分明

根据 2020 年沿海省（区、市）的自然资源科技创新指数得分（表 8-1），可将我国 11 个沿海省（区、市）划分为 4 个梯次，南北差异较大，如图 8-1 所示。第一梯次为广东和山东，自然资源科技创新指数得分分别为 77.35 和 62.01，如图 8-2 所示，分别相当于 11 个沿海省（区、市）平均分（34.55）的 2.24 倍和 1.79 倍。广东自然资源科技创新指数得分连续 3 年居于我国 11 个沿海省（区、市）首位，其自然资源科技创新发展具备坚实的基础，表现出很强的原始创新能力，并且能力不断提升；山东自然资源科技创新指数得分连续两年位于我国 11 个沿海省（区、市）第二位，这表明山东在自然资源领域有一定的科技创新基础，长期以来积累了大量的创新资源，创新环境较好。此外，山东位于沿海地区和黄河生态带的交会地带，因此可以充分利用自然资源科技创新投入和产出优势，作为中心城市发挥引领和辐射作用，带动中部省（市）经济发展，加强各省（市）之间的合作，减小差距，实现纵横带动，提升沿海地区自然资源科技创新水平。

表 8-1 2020 年沿海省（区、市）的自然资源科技创新指数与分指数得分

沿海省（区、市）	综合指数	分指数			
	自然资源科技创新（A）	创新资源（B_1）	创新环境（B_2）	知识创造（B_3）	创新绩效（B_4）
广东	77.35	82.87	84.30	97.50	44.73
山东	62.01	65.18	55.55	63.86	63.46
上海	37.16	51.19	36.52	13.15	47.80
辽宁	35.12	36.49	35.32	24.07	44.59
河北	31.84	16.09	15.60	18.38	77.30
浙江	29.66	19.84	14.43	38.65	45.72
江苏	27.51	20.36	16.22	20.83	52.62
福建	26.78	16.63	35.95	13.22	41.33
广西	21.63	8.43	7.33	11.77	58.97
天津	21.36	23.86	11.66	24.54	25.39
海南	9.58	24.43	2.37	0.00	11.50

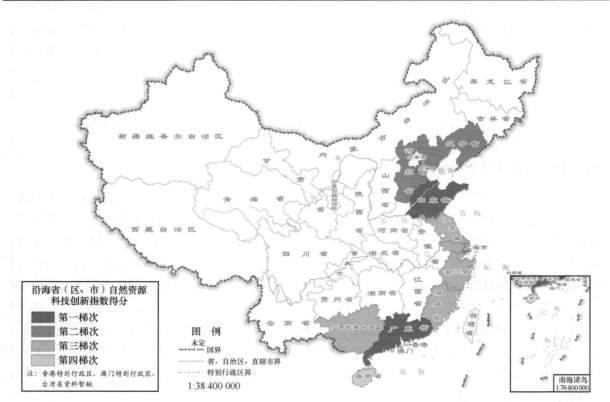

图 8-1 2020 年沿海省（区、市）自然资源科技创新指数得分的空间分布

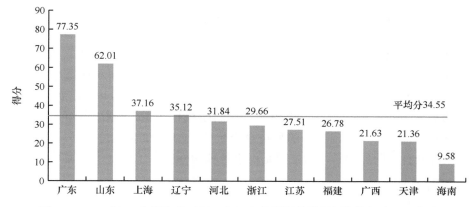

图 8-2　2020 年 11 个沿海省（区、市）自然资源科技创新指数得分及平均分

第二梯次为上海、辽宁和河北，自然资源科技创新指数得分分别为 37.16、35.12 和 31.84，各省（市）得分差距较小，并且接近 11 个沿海省（区、市）的平均分（34.55）。上海和辽宁的创新环境分指数得分相近，上海作为中部创新环境较好的地区，可以在沿海地区与其他城市形成优势互补的格局，联合开发并带动沿海地区自然资源科技创新能力提升。

第三梯次为浙江、江苏、福建、广西和天津，自然资源科技创新指数得分分别为 29.66、27.51、26.78、21.63 和 21.36，均低于平均分。其中，福建的海洋资源相对缺乏，知识创造能力也有待提高；浙江和江苏作为相交的省份，可以在二者内部形成优势互补的格局，联合开发并带动整体自然资源科技创新能力提升；广西的创新绩效得分较其他指标显著突出；天津的创新环境劣势较为明显，创新绩效有待提升。

第四梯次为海南，自然资源科技创新指数得分为 9.58，约为平均分的 1/4，与其他省（区、市）的差距较大。

从创新资源分指数来看，2020 年 11 个沿海省（区、市）得分整体较高，得分超过 11 个沿海省（区、市）平均分（33.21）的有广东、山东、上海和辽宁（图 8-3）。其中，广东和山东创新资源分指数得分分别为 82.87、65.18，远高于其他省（区、市）得分和平均分。广东创新资源分指数得分排在第一位，主要是由于科技活动人员投入、固定资产投入力度和自然资源系统 R&D 人员数量表现突出。山东创新资源分指数得分位列第二，这主要得益于较高的研究与发展人力投入强度和较大的固定资产投入力度。上海和辽宁创新资源分指数得分分别为 51.19 和 36.49。上海的自然资源科技创新资源丰富，作为长江经济带沿江绿色发展轴的三大核心城市之一，在推动经济发展方面

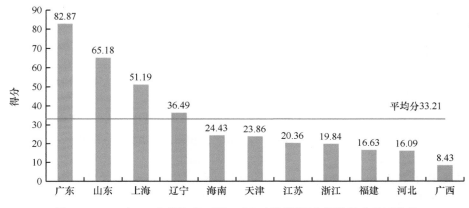

图 8-3　2020 年 11 个沿海省（区、市）创新资源分指数得分及平均分

发挥着重要作用。11 个沿海省（区、市）中有 7 个创新资源分指数得分低于平均分，这说明区域差异较大。

从创新环境分指数来看，2020 年 11 个沿海省（区、市）得分差距较大，如图 8-4 所示，超过平均分（28.66）的有广东、山东、上海、福建和辽宁。其中，广东创新环境分指数得分为 84.30，是第二名山东得分的 1.5 倍以上，约为平均分的 3 倍，这主要是由于与其他沿海省（区、市）相比，广东的科学仪器设备占资产的比例、自然资源系统科研机构数量、科技活动经费投入、R&D 课题投入力度都占有明显优势，体现出良好的科技设施配备、R&D 资金支持，并且与 2019 年相比，其创新环境分指数得分有了明显增长，这主要是由于各项指标都有了进一步的提升。

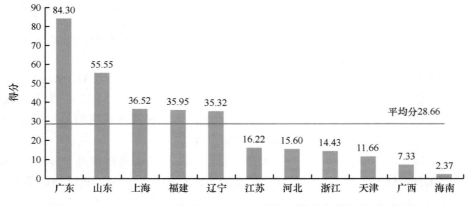

图 8-4　2020 年 11 个沿海省（区、市）创新环境分指数得分及平均分

从知识创造分指数来看，2020 年 11 个沿海省（区、市）得分超过平均分（29.63）的有广东、山东和浙江（图 8-5）。广东的知识创造分指数得分为 97.50，与其他沿海省（区、市）相比有较明显的优势，这主要得益于较高的发明专利授权量、本年出版科技著作、发表科技论文数和软件著作权量；山东和浙江得分分别为 63.86 和 38.65。11 个沿海省（区、市）中有 8 个知识创造分指数得分低于平均分，并且与前两名的得分差距较大，这说明知识创造方面区域发展不平衡，呈现两极分化态势。

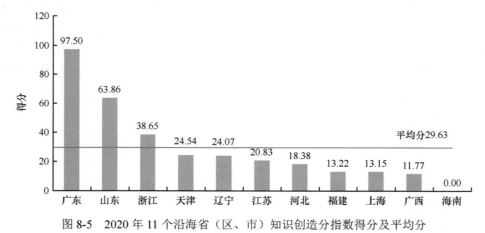

图 8-5　2020 年 11 个沿海省（区、市）知识创造分指数得分及平均分

从创新绩效分指数来看，2020 年 11 个沿海省（区、市）得分超过平均分（46.67）的有河北、山东、广西、江苏和上海（图 8-6）。其中，河北的创新绩效分指数得分为 77.30，排名第一，这主

要得益于较高的单位课题的科技论文发表数、有效发明专利产出效率和单位专利科技成果转化收入。在单位专利科技成果转化收入方面，与其他沿海省（区、市）相比，山东具有显著的优势，位居第二。广东的万名科研人员发表的科技论文数虽最高，但是其他指标较低，导致其创新绩效分指数得分排名第七。

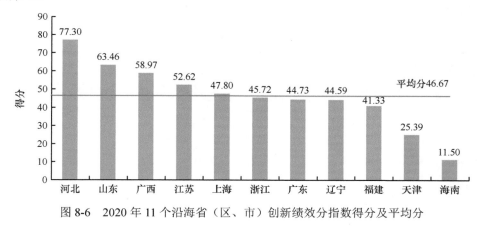

图 8-6 2020 年 11 个沿海省（区、市）创新绩效分指数得分及平均分

二、自然资源科技创新能力与经济发展水平强相关

自然资源科技创新能力与经济发展水平有密切的联系。由 11 个沿海省（区、市）的自然资源科技创新指数得分与反映地区经济发展水平的地区人均生产总值的关系（图 8-7）可知，第一象限有广东和上海，这一象限的地区人均生产总值较高，并且自然资源科技创新指数得分高于全国平均水平；山东位于第二象限，这一象限的地区人均生产总值较低，但自然资源科技创新指数得分高于全国平均水平；第三象限包括辽宁、河北、海南和广西，这一象限的地区人均生产总值较低，并且自然资源科技创新指数得分也低于全国平均水平，说明这些地区的经济发展水平和自然资源科技创新能力均需提升，即在提升自然资源科技创新能力的同时，还需要提高经济发展水平；福建、江苏、天津和浙江位于第四象限，这一象限的地区人均生产总值较高，但自然资源科技创新指数得分低于全国平均水平，说明这些地区自然资源科技创新具备较大的提升空间。

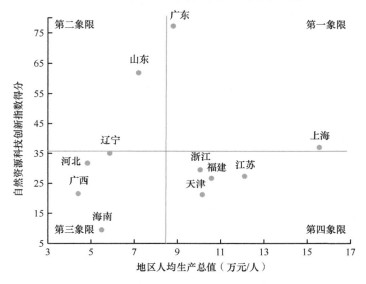

图 8-7 2020 年 11 个沿海省（区、市）的自然资源科技创新指数得分与地区人均生产总值的关系

第二节　五大经济区自然资源科技创新各具特点

珠江三角洲经济区、长江三角洲经济区、环渤海经济区、海峡西岸经济区和环北部湾经济区的自然资源科技创新指数得分如表 8-2 所示，具体分析如下。

表 8-2　我国五大经济区的自然资源科技创新指数与分指数得分

经济区	综合指数	分指数			
	自然资源科技创新（A）	创新资源（B_1）	创新环境（B_2）	知识创造（B_3）	创新绩效（B_4）
珠江三角洲经济区	77.35	82.87	84.30	97.50	44.73
环渤海经济区	37.58	35.40	29.53	32.71	52.69
海峡西岸经济区	26.78	16.63	35.95	13.22	41.33
长江三角洲经济区	31.44	30.46	22.39	24.21	48.71
环北部湾经济区	15.60	16.43	4.85	5.89	35.24
平均	37.75	36.36	35.40	34.70	44.54

珠江三角洲经济区主要是指我国南部的广东，与香港、澳门接壤，科技力量强大且人才资源雄厚，海洋资源丰富，是我国经济发展最快的地区之一。从横向比较来看，2020 年珠江三角洲经济区的自然资源科技创新指数得分为 77.35，远高于五大经济区的平均分，在五大经济区中居于首位，该经济区创新环境优越、创新资源密集、知识创造硕果累累、创新绩效优势突出。

环渤海经济区是指由渤海的全部及黄海的部分沿岸地区组成的广大经济区域，是我国东部的"黄金海岸"，具有相当完善的工业基础、丰富的自然资源、雄厚的科技力量和便捷的交通条件，在全国经济发展格局中占有举足轻重的地位。从横向比较来看，2020 年环渤海经济区的自然资源科技创新指数得分为 37.58，略低于五大经济区的平均分，创新资源分指数得分接近五大经济区的平均分，创新绩效分指数得分高于五大经济区的平均分，具备较好的发展潜质，自然资源科技创新发展能力较强。

长江三角洲经济区位于我国东部沿海、沿江地带交会处，区位优势突出，经济实力雄厚。长江三角洲经济区以上海为核心，以技术型工业为主，技术力量雄厚、前景好、政府支持力度大、环境优越、教育发展好、人才资源充足，是我国最具发展活力的沿海地区。从横向比较来看，长江三角洲经济区的自然资源科技创新指数得分为 31.44，略低于五大经济区的平均分，其中创新绩效分指数得分高于五大经济区的平均分，科技创新活动的产出水平有待进一步提高，自然资源科技创新能力较强，但创新资源、创新环境和知识创造分指数得分均低于平均分，自然资源科技创新活动所依赖的外部环境有待进一步优化，可通过制度创新或政策支持改善。

海峡西岸经济区以福建为主体，包括周边地区，南北分别与珠江三角洲、长江三角洲两个经济区衔接，东与台湾、西与江西的广大内陆腹地贯通，是具备独特优势的地域经济综合体，具有带动全国经济走向世界的特点。从横向比较来看，海峡西岸经济区的自然资源科技创新指数得分为 26.78，低于五大经济区的平均分，自然资源科技创新活动的产出水平不高，创新资源与知识创造分指数得分也较低，反映出创新资源投入、科技资源配置及知识创造能力有待进一步提升。

　　环北部湾经济区地处华南经济圈、西南经济圈和东盟经济圈的结合部，是我国西部大开发地区中唯一的沿海区域，也是我国与东南亚国家联盟（简称"东盟"）既有海上通道又有陆地接壤的区域，区位优势明显，战略地位突出。环北部湾经济区的自然资源科技创新指数得分为15.60，远低于五大经济区的平均分，与其他各经济区的差距较大。

第三节　海洋经济圈科技创新聚焦区域的定位与发展潜力

　　《全国海洋经济发展"十三五"规划》多次提及"一带一路"倡议，要求北部、东部和南部三大海洋经济圈加强与"一带一路"倡议的合作。三大海洋经济圈依据各自的资源禀赋和发展潜力，在定位和产业发展上有所区别，创新定位亦有所不同。从自然资源科技创新指数来看，北部海洋经济圈得分最高，其次是南部海洋经济圈得分，东部海洋经济圈得分最低。

　　北部海洋经济圈的自然资源科技创新指数得分为37.58，在三大海洋经济圈中居于第一位（表8-3，图8-8）。4个分指数中创新资源、知识创造和创新绩效分指数的得分较高，分别为35.40、32.71和52.69，3个分指数对该区域的自然资源科技创新指数有较大的正贡献，丰富的创新资源和较高的知识创造水平为区域自然资源科技创新与经济发展创造了良好的条件，充分说明该区域优势突出、经济实力雄厚；创新环境分指数得分较低，为29.53，拉低了该区域的自然资源科技创新指数得分（图8-9）。北部海洋经济圈的经济发展基础雄厚、科研教育优势突出，作为北方地区对外开放的重要平台，其区域自然资源科技创新定位需与转型升级的经济发展相适应，立足于北方经济，在制造业输出上发力。

表 8-3　我国三大海洋经济圈自然资源科技创新指数与分指数得分

经济圈	综合指数	分指数			
	自然资源科技创新（A）	创新资源（B_1）	创新环境（B_2）	知识创造（B_3）	创新绩效（B_4）
北部海洋经济圈	37.58	35.40	29.53	32.71	52.69
南部海洋经济圈	33.83	33.09	32.49	30.62	39.13
东部海洋经济圈	31.44	30.46	22.39	24.21	48.71

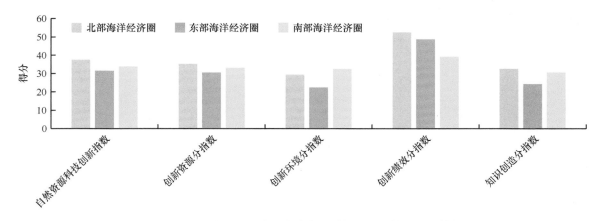

图 8-8　我国三大海洋经济圈自然资源科技创新指数与分指数得分

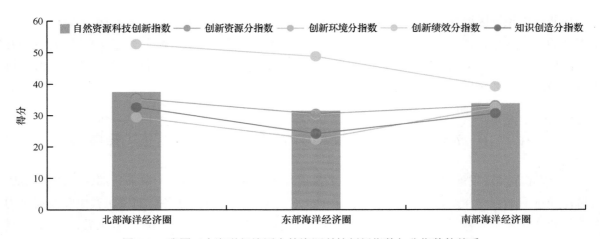

图 8-9　我国三大海洋经济圈自然资源科技创新指数与分指数的关系

　　南部海洋经济圈的自然资源科技创新指数得分为 33.83，在三大海洋经济圈中位居第二。4 个分指数中，创新资源、创新环境和知识创造分指数对自然资源科技创新指数有正贡献，得分分别为 33.09、32.49 和 30.62，自然资源科技创新发展能力较强；创新绩效分指数得分为 39.13，是拉低自然资源科技创新指数得分的重要因素。南部海洋经济圈海域辽阔、资源丰富、战略地位突出，面向东盟十国，着眼于国际贸易，是我国保护和开发南海资源、维护国家海洋权益的重要基地。区域自然资源科技创新定位需考虑海洋资源丰富和特色产品优势，进一步发挥珠江口及其两翼的创新总体优势，带动海峡西岸、北部湾和海南岛沿岸发挥区位优势，共同发展，使自然资源科技创新驱动经济发展的模式辐射至整个南部海洋经济圈。

　　东部海洋经济圈的自然资源科技创新指数得分为 31.44，在三大海洋经济圈中居于末位。4 个分指数中，创新绩效分指数得分较高，创新资源和创新环境分指数得分均位于末位，提升空间较大。东部海洋经济圈港口航运体系完善，海洋经济外向型程度高，面向亚洲及太平洋地区，是"一带一路"倡议与长江经济带发展战略的交会区域，可将战略性成果通过新亚欧大陆桥往西传递，实现陆海联动，针对其产业基础雄厚与海洋经济高层次发展的特色，区域自然资源科技创新定位需与经济的外向型和高层次特点相一致。

第三部分

国际专题

第九章　美国自然资源管理政策导向及战略计划调整分析

依据联合国对自然资源的定义,自然资源是指在一定时间和条件下能产生经济效益,以提高人类当前和未来福利的自然因素和条件,可分为有形自然资源(如土地、水体、动植物、矿产等)和无形自然资源(如光资源、热资源等)。自然资源具有可用性、整体性、变化性、空间分布不均匀性和区域性等特点,是人类生存和发展的物质基础,也是社会物质财富的源泉,更是可持续发展的重要依据之一。

美国自然资源由内政部(DOI)、农业部、陆军工程兵团、商务部等多个部门共同管理,其中 DOI 是管理范围最广、涉及自然资源类型最多的部门,主要负责公共土地、矿产资源、海洋能源、国家公园、鱼类及野生动物等自然资源的管理。美国 DOI 与农业部的林业局分担森林、矿产、牧场和荒地火灾管理的责任,与陆军工程兵团分担水资源管理和水力发电的责任,与商务部国家海洋渔业局分担渔业和濒危物种管理的责任,与地方政府分担土地利用规划的责任。通过对 DOI 2014～2023 财年《总统预算》的比较分析,以及对 2023 财年其直属机构总统预算的深入分析,系统研究了 DOI 工作重心的调整,以此分析美国在自然资源领域宏观政策导向的变化,为我国确定自然资源发展战略布局提供参考。

第一节　美国 DOI 职能及组织结构

一、美国 DOI 职能

美国 DOI 成立于 1849 年,负责管理公共土地、矿产资源、海洋能源、国家公园、鱼类及野生动物等诸多自然资源,从美国人民的利益出发保护和管理国家的自然资源及文化遗产,提供关于自然资源和自然灾害的科学信息,为美国人民创造户外娱乐机会,并履行国家对美国印第安人、阿拉斯加土著人和附属岛屿社区的信托责任。

二、美国 DOI 组织结构

DOI 由部长统一管理,下设 11 个局和若干办公室,按照管辖事务范畴的不同设有 5 位助理副部长进行管理(图 9-1),同时设有秘书办公室、政策管理和预算办公室、律师办公室、监察长办公室、首席信息官办公室、美国印第安人特别受托管理人办公室和生活管理办公室进行事务的综合协调处理。2020 年 10 月 1 日,DOI 设立了信托基金管理局(Bureau of Trust Funds Administration,BTFA),该局行使信托职能。印第安事务局(Bureau of Indian Affairs,BIA)、印第安教育局(Bureau of Indian Education,BIE)和信托基金管理局主要负责处理印第安事务,履行对印第安人的信托责任。

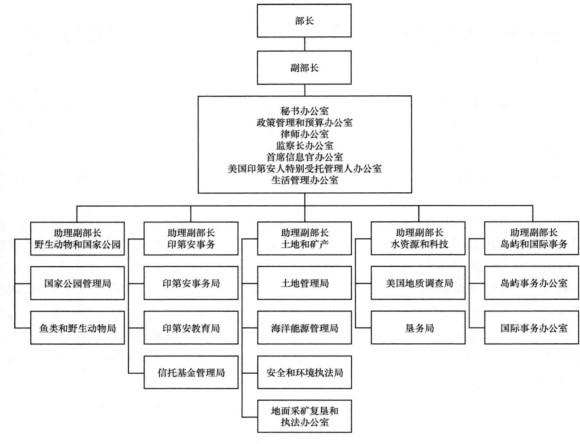

图 9-1　DOI 组织架构图

土地管理局（Bureau of Land Management，BLM）负责管理面积近 2.5 亿英亩^①的公共土地及 7 亿英亩的地下矿藏，充分利用包括可再生资源在内的国内能源和矿产资源，通过创造户外娱乐机会来更好地服务于美国家庭，管理工作环境以促进可持续的牲畜放牧和木材砍伐，同时负责防火检测与航空管理。

国家公园管理局（National Park Service，NPS）负责管理 417 家自然、文化和娱乐场所，超过 27 000 个历史建筑，以及大量的博物馆收藏和自然文化景观，为游客提供户外休闲娱乐的选择，维持和管理自然文化遗产。

地面采矿复垦和执法办公室（Office of Surface Mining Reclamation and Enforcement，OSMRE）负责制定全国性计划以管理露天煤矿开采对环境的影响，OSMRE 也负责权衡国家对煤炭的需求与环境保护之间的平衡，主要职责是监督煤矿开采活动，确保土地在采矿结束后恢复有益用途。

海洋能源管理局（Bureau of Ocean Energy Management，BOEM）是管理国家海上资源，同时监督外大陆架能源和海洋矿产开发的机构。BOEM 对国家 4% 的天然气和 18% 的石油资源进行监管，同时管理海洋矿产资源、可持续能源的租赁。

美国地质调查局（U.S. Geological Survey，USGS）是提供有关自然灾害、自然资源及气候和土

① 1 英亩≈4046.86m²。

地利用变化的有关信息的机构，主要职责为提供关于地震、火山喷发和山体滑坡等自然灾害的信息以减少损害，通过对水、土地、能源等资源的调查研究和评估，为后续有效的决策与规划提供依据。

鱼类和野生动物局（Fish and Wildlife Service，FWS）负责管理国家野生动物保护区的土地和水域，保护候鸟、濒危物种及某些海洋哺乳类动物，管理国家鱼类保育系统以保护和恢复本国渔业。

安全和环境执法局（Bureau of Safety and Environmental Enforcement，BSEE）的主要职责是确保外大陆架能源生产的安全性，管理防范石油泄漏，同时检查和分析设备故障问题，管理监督、实施执法方案。

垦务局（Bureau of Reclamation，BOR）是管理和保护水资源的机构，为超过 3100 万人供水，为 1000 万英亩的农田提供灌溉用水，管理水库的建造，是全球最大的水资源供应机构，同时也是美国第二大水力发电部门。

第二节　DOI 预算分析及政策导向

一、预算分析

美国政府按财政年度进行预算编制，美国的财政年度是 10 月 1 日至下一年 9 月 30 日，可分为行政预算过程和国会预算过程两个相对独立的阶段。第一阶段是行政预算过程，在每个预算年度开始前 18 个月便开始准备。以 2023 财年预算为例：2021 年春，美国政策管理预算办公室（Office of Management and Budget，OMB）基于广泛调查研究，向总统提交 2023 财年预算指导方针，总统审查后将 2023 财年预算总方针下达给政府各部门；2021 年夏，联邦政府各部门基于工作计划将本部门编制的 2023 财年的预算请求和证明材料提交 OMB 审查，OMB 安排专职审核员进行预算审查，举行听证会或与各部门负责人直接面对面讨论，提出初审意见，若双方经协商意见不一致，可将问题提交总统决定，最后经过严格的审核及汇总过程，OMB 于 2021 年 12 月将综合性行政预算草案提交总统；2022 年 2 月第一个星期一之前，总统需审查签署《总统预算》并递交国会，同时将《总统预算》在全国范围内对外公布，行政预算过程结束。第二阶段进入国会预算过程，参众两院就《总统预算》进行多次审核、听证，形成共同决议案，国会在 6 月 30 日前须完成拨款方案的立法工作，最后经总统同意后签署生效成为公法，国会预算过程结束。

基于 DOI 对外公布的 2014～2023 财年预算概况，梳理近十年预算的情况（表 9-1），并进一步绘制预算变化趋势图，如图 9-2 所示。从总体预算变化角度来看，2014～2023 财年 DOI 的预算整体呈上升趋势，2023 财年预算超过 316 亿美元，其中当年预算授权较去年上升 19%，同时提供约 109 亿美元的永久资金。在 2023 财年预算中，DOI 在应对气候变化中发挥着至关重要的作用。DOI 将继续积极应对气候变化带来的挑战，为建立美国的复原力奠定基础，创造高薪的就业机会，以及确保特定气候和清洁能源投资中 40% 的利益流入弱势社区。2021 年 11 月，拜登总统签署了两党基础设施法案（Bipartisan Infrastructure Law，BIL）以提升基础设施水平和经济竞争力，法案投资 306 亿美元解决 DOI 项目的长期需求，其中包括 2022 财年的 213 亿美元和 2023 财年的 23 亿美元。

表 9-1 2014～2023 财年 DOI 预算概况表

（单位：万美元）

	FY2014	FY2015	FY2016	FY2017	FY2018	FY2019	FY2020	FY2021	FY2022	FY2023
BLM	126 647.8	132 140.1	147 244.1	146 523.9	154 909.6	160 668.7	168 260.4	134 212.0	195 894.2	219 527.7
BOEM	6 900	7 242.2	7 423.5	7 461.6	11 416.6	12 945	13 161.1	12 576.0	16 968.2	19 276.5
BSEE	7 864.4	8 104.6	8 846.4	8 314.1	12 343.9	13 625	13 344.4	12 934.9	18 117.2	18 747.7
OSMRE	57 371.4	55 019	88 660	64 606.9	88 766.4	82 616.9	239 096.6	103 434.4	118 220.7	119 723.7
USGS	103 297.5	108 197.8	106 386.4	108 586.3	114 915.3	116 151.3	127 210.1	97 232.9	164 347.3	178 062.7
FWS	279 041.3	288 758	285 996.7	291 920.8	303 080.1	294 118.2	293 239.6	284 681.4	355 404.3	383 166.8
NPS	298 375.4	312 062.1	337 672.5	352 561.7	391 031.7	399 055.6	411 504.1	354 116.3	460 190.7	475 020.7
BIA	264 017.8	271 279.2	293 123.8	298 510.2	319 522.6	321 934.1	220 636.7	198 460.0	284 735.5	315 378.6
BIE	0	0	0	0	0	0	119 133.4	94 454.4	134 796.4	157 573.6
BTFA	0	0	0	0	0	0	0	25 539.9	60 167.2	36 167.5
Departmental Offices	344 137.3	311 422.6	317 502.6	310 121.5	319 209	483 331.6	384 303.4	469 177.5	299 382.8	409 682.9
Department-wide Programs	144 019.7	155 479.4	121 006.8	215 054.1	204 208.7	226 422.8	230 318	229 663.6	455 040.0	493 346.3
BOR	127 890.3	124 541.3	137 223.4	141 233.8	156 197.5	168 347	209 050.1	136 893.9	177 756.0	335 642.6
Central Utah Project Completion Account	2 368.2	1 915.8	1 702.8	1 745.1	1 920.6	1 681.8	3 061.7	2 093.7	2 756.6	2 749.2
DOI（总计）	1 761 931.1	1 776 162.1	1 852 789	1 946 640	2 077 522	2 280 898	2 432 319.6	2 155 470.9	2 743 777.1	3 164 066.5

注：Departmental Offices-部门办公室；Department-wide Programs-全部门项目；Central Utah Project Completion Account-犹他州中部项目交易账户

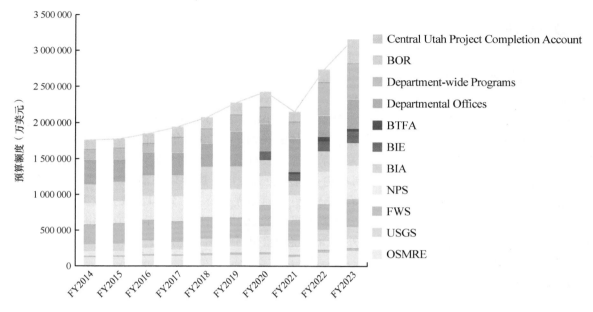

图 9-2　2014～2023 财年 DOI 预算变化情况

从各直属机构的预算支出变化来看，2014～2020 财年各直属机构的预算未出现很大的结构性变化，2021 财年因大幅收紧预算以减少财政赤字的措施，DOI 各直属机构的预算基本均进行了下调，但 2022 财年起预算支出有所增加，直属机构如 BLM 的预算增加显著。DOI 自然资源管理政策从以能源独立为目标转变为以应对气候危机、推进清洁能源计划为目标，更好地实现其保护自然资源的使命。

在能源方面，BLM、BOEM 财政预算均大幅增加，预算中超过 2.5 亿美元建议资金将支持联邦审查美国公共土地上的清洁能源产能情况，以加快和扩大在公共土地和近海水域的清洁能源部署。预算支出侧重于可再生能源发展，根据拜登总统第 14008 号行政命令"应对国内外气候危机"的指示，DOI 加强与联邦机构的合作，承诺到 2025 年布局至少 25GW 陆上可再生能源和到 2030 年部署 30GW 的海上风电。其中，BLM 将集中增加可再生能源协调办公室的数量以协调可再生能源项目，并积极处理大型可再生能源项目和输电线路问题。截至 2022 年 3 月，BLM 已批准 60 个在公共土地上的陆上清洁能源项目。BOEM 预算也大力支持可再生能源租赁和开发，截至 2022 年 2 月，BOEM 已批准了 2 个主动租赁的建设和运营计划，举办海上风能交易，出售赢得总计 43.7 亿美元的投标，是美国历史上收入最高的海上能源租赁销售。此外，BOEM 还制定了 2017～2022 年国家外大陆架（OCS）油气租赁计划，权衡获取石油和天然气资源的潜力及可能产生的不利影响，2020 年 6 月暂停了阿拉斯加的北极国家野生动物保护区（Arctic National Wildlife Refuge）的所有石油和天然气租赁。OSMRE、BSEE 的预算有小幅增加，支出侧重点有所转移，OSMRE 预算中增加了对与环境保护有关的技术培训、援助和转移活动的支出，更多地关注废弃矿山振兴而非开采煤炭。BSEE 还制定了预防计划来降低石油泄漏风险，重视加强石油、天然气、可再生能源和矿产资源开发中的环境安全，大力支持可再生能源发展。USGS 的预算近两年大幅增加，2023 财年预算中提出建设气候适应科学中心（Climate Adaptation Science Center，CASC）以整合与气候相关的联邦数据、工具和信息，更好地应对气候科学挑战。为响应"美丽美国"倡议，加强生物多样性保护，FWS、NPS 预算支出均增加，致力于恢复河流、野生动物栖息地和受损的资源，改善户外娱乐环境。

二、政策导向

根据数据总体情况和趋势变化分析可以看到,美国政府在自然资源管理方面主要聚焦于能源气候政策,DOI 自然资源管理政策转变为以应对气候危机、实施清洁能源计划为目标,更好地保护自然资源。

在气候政策方面,DOI 承诺将建立一个平民气候小组,致力于保护公共土地、增强社区的适应力及应对气候变化。DOI 将综合考虑各方利益主体的关切,以 2030 年之前保护至少 30% 的公共土地和水域为目标,保护生物多样性,改善娱乐设施,应对不断变化的气候,加快保护公共土地和水域。在能源方面,2023 财年 DOI 各下属机构在清洁能源发电、废弃矿山清理等领域的预算支出显著增加,并相应减少传统能源开发的相关支出,更好地促进在公共土地和水域上负责任地利用可再生能源。DOI 将更多的预算支出投入海上风能项目,到 2025 年计划完成至少 16 项海上风能设施计划的审查,提高清洁能源发电能力。此外,DOI 将积极进行基础设施建设,推进基础设施运营、维护、更新和现代化发展,通过两党基础设施法案获取大额投资以帮助全国各地的社区应对气候危机,解决环境问题。

第三节　2023 财年优先事项与计划调整

2023 财年 DOI 的预算总额为 181 亿美元,增加了 29 亿美元,即 19%。在气候变化方面,DOI 在 2023 财年将继续为应对气候变化带来的紧迫挑战提供资金,同时为增强抵御能力、促进经济增长、创造高薪就业机会、确保气候和清洁能源投资的 40% 收益惠及弱势群体奠定基础。在管理和基础设施建设方面,预算中的一部分将用于推进将科学融入行政管理之中,直接支持 DOI 的工作,同时优化财务和业务管理系统及执法记录管理系统,以及增加人力资本的投入并加强人力管理;该预算还旨在改善废旧矿场和油井的环境状况,以及满足 DOI 基础设施运营、维护、更新和现代化发展需求,同时通过有针对性的投资促进各州娱乐设施的建设,为弱势群体提供休憩之地。

一、优先事项

(一)优先事项一:应对气候挑战,增强抵御能力

在 2023 财年预算中,14 亿美元用于填海造地计划和项目,帮助社区减轻干旱和气候变化的影响;6240 万美元用于"维持和管理美国明日资源"项目,DOI 与各州、部落和当地社区合作,规划和实施增加供水的行动。

2023 财年荒野火灾管理的预算申请为 15 亿美元,旨在提高消防能力,向更持久和更专业的野外消防队伍转型,并支持薪酬改革。2023 财年预算建议为燃料管理提供 3.043 亿美元,为烧毁区域恢复提供 2050 万美元,使 DOI 能够主动应对联邦和部落土地上的野火风险并减少碳排放,加快燃料处理的速度和规模。

同时,2023 财年预算提出 49 亿美元用于支持内陆地区的恢复、保护和改善,以使土地、水、生态系统和当地物种更加健康,其中 1.742 亿美元用于解决入侵物种问题,包括有针对性的早期发现和快速反应工作。

"美丽美国"倡议用以科学为指导、尊重部落主权、尊重土地所有者的方式推进土地和水资源保护。2023 财年预算中,2550 万美元用于建立《美国保护管理地图集》,整合有关保护、管理和恢

复活动的信息；6.819 亿美元用于 "土地和水资源保护基金" 项目，鼓励对全国各地城镇的保护和增加户外娱乐机会。

（二）优先事项二：创造就业机会，应对环境和能源挑战

2023 财年预算提出 5170 万美元用于 BOEM 的可再生能源项目，770 万美元用于 BSEE 建立海上可再生能源检查和监管项目，4970 万美元用于 BLM 的可再生能源项目，进一步增加可再生能源协调机构的数量以加快项目审批。

2023 财年预算还包括 4.789 亿美元用于 BSEE、BOEM、BLM 的石油和天然气项目，其中 2.485 亿美元用于 BSEE 的安全和环境管理项目；6360 万美元用于 BOEM 的常规能源项目，以支持 OCS 的规划、租赁和监督；1.668 亿美元用于 BLM 的油气管理项目。

2023 财年预算包括向各州提供 3300 万美元的援助和支持。为了解决 BLM 土地上废弃硬岩矿山的数量多且复杂的问题，2023 财年预算还包括 6220 万美元用于废弃矿山和危险材料管理。

DOI 还在生态保护和发展方面发挥着关键作用。2023 财年预算的 1.528 亿美元用于 FWS 的生态服务规划和咨询计划，以支持清洁能源和其他基础设施及发展项目的审查与许可；1230 万美元用于 FWS 候鸟管理计划，以开展保护候鸟、促进发展的活动。

（三）优先事项三：加强部落民族关系

政府作出加强部落民族关系和尊重部落主权的承诺。2023 财年预算提议，将合同支助费和部落租赁费从可自由支配改为强制性，确保资金满足目前所需。预算还提出了立法，补充对 BIL 的 25 亿美元投资，以加快完成已颁布的印第安水权清算。2023 财年预算提案还将提供 3.4 亿美元作为强制性资金，以支持填海造地和解协议中相关的运营、维护和维修。

2023 财年预算包括 28 亿美元的 BIA 项目授权，投资 4470 万美元用于扩大提瓦赫计划（Tiwahe Initiative）中的社会服务、印第安儿童福利法、部落正义支持和经济发展方案等方面。为了推进印第安教育，预算提供 16 亿美元支持印第安教育项目，为土著儿童提供坚实的教育基础。2023 财年预算还包括 2300 万美元用于对 BIE 学校远程学习和增强技术的支持，以及 400 万美元用于母语沉浸式项目。

（四）优先事项四：推进和整合部门内科学管理

2023 财年预算中的 1.471 亿美元用于物种管理和土地管理方面的应用科学投入，直接支持 DOI 的工作。USGS 还支持气候适应科学中心（CASC）网络，该网络致力于促进科学合作，以应对区域气候挑战。2023 财年预算包括 1.247 亿美元用于 CASC 网络的构建，有助于资源管理人员将最好的可用科学整合到日常资源管理中。另外，USGS 的 CASC 网络在应对具有重大社会和环境影响的重大挑战方面发挥着重要作用。2023 财年预算还包括 4790 万美元用于生物威胁和入侵物种的研究。

（五）优先事项五：促进弱势群体的公平性、多样性、包容性

为了解决社会环境对低收入群体和有色人种群体有不同程度影响的问题，政府正在努力实施相关倡议，以确保联邦在气候和清洁能源方面投资总收益的 40% 流向弱势群体。2023 财年预算包括 400 万美元用于专职工作人员和技术支助，提供专业知识、协调和外联支助。

2023 财年预算包括有针对性的投资，以更好地联系和响应新受众。FWS 的预算包括 1250 万美元用于城市野生动物保护计划，将避难所与当地社区联系起来，为生活在城市的 80% 的美国人创

造了融入大自然的机会。2023 财年预算还分配了 1.25 亿美元的强制性 LWCF 项目资金，用于 NPS 竞争性户外娱乐遗产计划（ORLP）赠款，以支持地方主导的城市经济困难地区的保护和娱乐等改善活动。

（六）优先事项六：机构能力建设

2023 财年预算包括 230 万美元用于人力资本计划，其中包括使用高质量人才团队来加强对不同候选人的宣传。另外，2023 财年预算继续支持向可持续发展的野外消防队伍过渡，提供更好的培训和职业发展机会，以鼓励有丰富工作经验的工作人员。为了更好地支持 DOI 执法人员的执法工作，2023 财年预算拨款 2110 万美元，确保 DOI 执法人员拥有便携相机和相关数据存储能力。

为了改善数据管理，2023 财年预算投资 230 万美元用于制定数据管理计划和整合企业数据注册表的组织数据来提高透明度。2023 财年预算还包括 430 万美元的独立评估基金，以支持对整个 DOI 的方案、倡议和流程进行独立评估。2023 财年预算提供 5430 万美元用于更新和加强 DOI 的财务与业务管理系统，以满足行政系统在核心会计、预算执行等方面的要求。

在执法领域，2023 财年预算包括 1100 万美元用于构建统一的执法记录管理系统（LERMS），以便开展集中执法活动，并在司法部和其他执法机构及法院安全地传输执法记录。2023 财年预算还包括向 BIA、NPS、FWS、USGS 和首席信息官办公室（OCIO）分配 2860 万美元，以实现现场通信现代化。

二、直属机构主要计划调整

（一）BLM

BLM 2023 财年的拨款预算为 16 亿美元，其中 14 亿美元用于土地和资源管理，1.287 亿美元用于俄勒冈州和加利福尼亚州土地建设。该预算中包括支持行政当局应对气候变化和改善公共土地状况的重大投资，以及加快部署清洁能源发电和输电项目。该预算还投资于修复和回收废弃的水井及矿区，这将改善人类健康、安全和环境，并有助于创造高薪工作机会。BLM 估计该预算将在 2023 财年支持 10 592 名全职员工。

BLM 2023 财年预算提议为土地管理提供 2.994 亿美元，其中 1.101 亿美元用于牧场管理。BLM 将管理放牧计划，并努力通过生物防治和根除入侵植物来改善牧场的健康状况。BLM 2023 财年预算提议为公共领域森林管理提供 1480 万美元，为文化资源管理提供 2140 万美元来支持文化和古生物资源的管理。该预算还反映了政府在以下领域的承诺：①促进能源安全，摆脱对传统化石燃料的依赖；②积极对森林和牧场进行管理；③保护野生动物和水生栖息地；④增强公共土地上的游客体验。

1. 促进能源安全，摆脱对传统化石燃料的依赖

加强美国的能源安全和能源基础设施建设，支持创造就业机会。BLM 支持全面能源战略，其中包括石油和天然气、煤炭及可再生能源。BLM 2023 财年预算要求在能源和矿产管理计划中投入 2.499 亿美元，在公共土地上为可再生能源的无害环境开发提供场地，在促进可再生能源的发展方面发挥着至关重要的作用。预算还包括 4970 万美元用于可再生能源计划，连同资源管理规划、评估和监测计划的资金，将使 BLM 能够提高和加速公共土地上的可再生能源开发。BLM 预算反映了石油和天然气检查成本从拨款到回收的转变，允许 BLM 酌情请求减少 5100 万美元。2023 财年预算提议为石油和天然气管理提供 1.158 亿美元，该提议将推动在解决阿拉斯加北坡遗留油井方面获得持续进展。此外，2023 财年预算还包括 1660 万美元用于煤炭管理，1670 万美元用于其他矿产资源管理，770 万美元用于新能源汽车替换燃油车，并建设必要的充电基础设施。

2. 积极对森林和牧场进行管理

BLM 将加大力度恢复森林结构和必要组分，以抵御火灾和气候变化，并通过种植幼苗提高这些林地的碳储存能力。2023 财年预算提议为野马和野驴种群的管理提供 1.531 亿美元，这是由于过多的野马和野驴种群破坏了公共牧场的健康，并对土地的其他用途和依赖它们的物种产生了不利影响。该部门期待与国会继续进行对话和支持，以提高人口管理水平和实现财政上可持续的计划。

3. 保护野生动物和水生栖息地

2023 财年预算提议为野生动物和水生栖息地管理提供 2.391 亿美元。根据野生动物栖息地管理的 1.585 亿美元请求，BLM 将继续支持开展更大范围的鼠尾草及其草原栖息地保护工作，包括审查和更新更大的土地使用计划中的鼠尾草管理，以解决人口减少、新科学和气候变化问题，并提高长期保护战略的复原力。2023 财年预算申请还为原生植物材料开发计划和国家种子战略提供了强有力的支持，帮助获得支持大规模恢复野生动物栖息地和本地植物群落所需的植物材料。2023 财年的预算请求还将促使 BLM 加强识别和保护重要的季节性栖息地，以改善其连通性并解决栖息地破碎化问题，包括提高野生动植物种群对气候变化影响的长期复原力和 BLM 管理景观的碳封存能力。

水生栖息地管理计划的申请金额为 8070 万美元，BLM 将通过控制入侵物种、改善水资源的连通性，以及实施其他措施来提高其抵抗力和复原力，从而提高水生栖息地资源对气候变化、干旱和其他压力源的抵抗力和恢复能力。

4. 增强公共土地上的游客体验

2023 财年预算提出 0.926 亿美元用于娱乐管理，其中 0.244 亿美元用于荒野管理，0.683 亿美元用于娱乐资源管理。在荒野管理方面，BLM 将继续监测荒野研究区域，努力完成优先荒野管理计划，并推进保护和恢复土地以应对气候变化的行政优先事项。在娱乐资源管理方面，BLM 将强调优先事项，如增加娱乐机会，并改善娱乐场所的基础设施，使其更能适应气候变化和其他影响。2023 财年预算为国家纪念碑和国家保护区申请 6830 万美元，以加强特殊单位的管理和运营能力。这笔资金将改善游客体验，并更好地确保单位在应对高强度娱乐使用、物种入侵和气候变化等压力源时得到保护。

（二）BOEM

2023 财年的预算中有 2.374 亿美元用于 BOEM 项目，其中包括 1.928 亿美元的当前拨款，以及 0.446 亿美元的离岸租金收入和其他成本回收，预算较上一财年增加了 3940 万美元。由于过去资金主要支持 2019～2024 年国家 OCS 油气租赁计划，而此计划现被搁置，因此预算大幅度减少。BOEM 根据《美国第一离岸能源战略行政令》，大幅增加包括外大陆架在内的国内能源生产，优先支持提高能源安全性、创造高薪工作机会、支持经济繁荣及确保国内能源的可靠性和可承受性。根据这一要求，BOEM 将资源集中在油气租赁、可再生能源、海洋矿物资源和环境分析领域。可再生能源和海洋矿物资源领域 2023 财年预算分别增加了 314 万美元和 305 万美元。BOEM 继续通过其租赁计划并简化《国家环境政策法》（NEPA）流程来推进可再生能源开发，强调了可再生能源在美国优先海上能源战略中所扮演的角色；继续专注于创建国家近海沙砾清单，以识别沙砾和其他沉积物的来源，建设对国家经济、沿海环境和基础设施至关重要的项目；继续与其他联邦机构合作开发 OCS 关键矿物清单，以评估关键矿物供应，从而降低遭受经济破坏的脆弱性及对国家安全的负面影响。

（三）BSEE

2023 财年 BSEE 的预算申请为 2.612 亿美元，主要集中在海上安全和环境执法项目（Offshore Safety and Environmental Enforcement）。该项目的预算为 2.461 亿美元，包括抵消租金收据、成本回收及检查费用等。作为美国海上能源勘探、生产和开发的监管机构，BSEE 通过严格的监管和执法来保障安全、促进保护环境和保护海上自然资源。随着海上作业范围的扩大和进入需要使用新技术的环境，BSEE 继续调整其监管方法，已经建立了一些项目，以识别、评估和推广旨在降低海上能源作业风险的新兴技术，同时提高作业的安全性和对环境负责任的程度。

（四）OSMRE

2023 财年 OSMRE 的预算申请为 2.712 亿美元，较上一财年增幅较大，增加了 1.548 亿美元。预算分为两个部分：①监管和技术账户预算为 1.221 亿美元，包括用于环境保护项目、《地面开采治理与复垦法案》（Surface Mining Control and Reclamation Act，SMCRA）第 5 条规定的其他职能（州项目评估和联邦项目运营），以及用于支持总体监管和技术项目的技术开发和转让、财务管理和行政指导活动；②废弃矿山复垦基金的预算为 1.491 亿美元，该账户的一部分资金用作对煤炭生产销售、使用和转让征收的费用，以及用于支持各州、部落和 OSMRE 实施的复垦计划。

（五）BOR

2023 财年 BOR 的预算为 14 亿美元，较上一财年增加了 3 亿美元。预算集中在支持气候恢复的核心任务活动，强调水的可用性，保护土地、水和清洁能源，以及应用科学技术为资源管理决策提供信息。水务及相关资源是填海工程的主要运作项目，在 2023 财年的预算为 13 亿美元。其中，资源管理和开发的预算为 5.975 亿美元，用于支持水和能源项目及计划的规划和管理；水和电力设施的运作、维修及恢复活动的预算为 6.729 亿美元，强调设施的安全、高效、经济和可靠运行。除此之外，其他账目还包括中央谷地工程修复基金、加利福尼亚湾三角洲恢复用款、政策和管理拨款及周转基金等。

（六）USGS

2023 财年 USGS 的预算超 17 亿美元，支持经济增长，为资源平衡决策提供信息，并确保国家的福祉，包含生态系统项目、能源与矿产资源项目、自然灾害项目、水资源项目、核心科学系统项目、科学支持项目和科学设施项目。

生态系统项目的预算为 3.757 亿美元，包含 6 个子项目，分别是：①环境卫生项目；②物种管理研究项目，增加的资金用于支持生态保护、流域管理、沿海生态系统预测和清洁能源发展；③土地管理研究项目，包括支持能源转型、碳保护和碳管理、野火研究等；④生物威胁和入侵物种研究项目，重点是气候驱动的物种入侵和野生动物疾病研究；⑤气候适应科学中心和土地变化科学项目，包括对协作和调查、区域研究综合、部落气候研究、生物碳封存、监测温室气体减排过程及其他关于气候影响等方面的投资；⑥合作研究单位项目。

能源与矿产资源项目的预算为 1.470 亿美元，包含能源资源项目和矿产资源项目，重点提供关于矿产资源和能源资源的位置、数量及质量的研究和评估，包括开采和使用资源的经济及环境影响。

能源资源项目增加的预算用于支持对风能、太阳能和地质能源资源（包括地热）的评估。矿产资源项目增加的预算用于支持与关键矿物有关的供应链研究、矿山废弃物研究和评估，以及关键矿物潜在新来源的研究和评估，以支持复垦和潜在矿物回收。

自然灾害项目的预算为 2.198 亿美元，以地震灾害项目和海洋灾害项目为主，提供防灾信息和工具，以应对火山、地震、沿海风暴、太阳耀斑和山体滑坡等灾害，增强抗灾能力，减少潜在的伤亡、财产损失和其他社会经济影响。

水资源项目的预算为 3.027 亿美元，其中增加的资金用于推进综合水资源预测、综合水资源可用性评估和水资源使用退出模型构建。

在科技建设方面，核心科学系统项目的预算为 3.488 亿美元，科学支持项目的预算为 1.292 亿美元，科学设施项目的预算为 1.881 亿美元，在商业服务、信息管理技术等方面提供支持，以更好地管理自然资源，支持新的基础设施规划和应对自然灾害。

（七）NPS

2023 财年 NPS 的自由支配预算为 36 亿美元，旨在推进实现气候改善和保护目标，恢复土地管理的能力，包括对与气候相关的科学和零排放汽车的投资。其中，国家公园系统的运营约为 31 亿美元：5.530 亿美元用于资源管理，2.798 亿美元用于游客服务，4.442 亿美元用于公园保护，9.590 亿美元用于设施运营和维护，6.361 亿美元用于公园支持，2.176 亿美元用于外部行政成本。该预算较上一财年小幅增加，以加强了解和消除气候变化对国家生态系统资源的影响，扩大有色人种和其他服务不足群体的包容性。

（八）FWS

2023 财年总统渔业预算为 37 亿美元，包括 20 亿美元的自由支配预算，其中大部分直接提供给各州，用于鱼类和野生动物的恢复和保护，还有 FWS 主要业务账户资源管理的预算 17 亿美元，以消除气候变化对 FWS 信托资源的影响，响应"美丽美国"倡议，让美国人与户外重新联系起来，促进经济发展，并创造高薪就业机会。美国国家野生动物保护区是全世界保护野生动物的典范，2023 财年避难系统的预算为 5.979 亿美元。用于野生动物和栖息地管理、游客服务、保护区执法和规划的预算为 4.26 亿美元，用来支持 FWS 的核心任务，即提高适应性管理水平、气候恢复力和使用与气候相关的科学。

第四节　总结美国自然资源管理及其政策导向

对美国 DOI 2014～2023 财年的预算进行对比分析，数据显示近十年 DOI 预算基本呈现增长态势，各部门的预算整体呈上升趋势，在 2023 财年 DOI 将应对气候变化带来的紧迫挑战、促进经济增长、创造高薪就业机会、确保清洁能源投资作为 2023 财年的优先事项，各直属机构做出了相应的政策调整。

在自然资源管理布局方面，美国大力提倡清洁能源的发展，推动传统行业实现低碳转型，势必与我国在清洁能源领域产生竞争。同时，美国将气候目标与贸易政策挂钩，对来自中国等国家的碳密集型产品采取征收调节税和实施配额的手段，其意图是遏制"一带一路"建设，要求中国在"一带一路"建设基础设施项目中对环境负责。因此，我国除加强气候领域的双边合作外，应关注两国在可再生能源领域特别是新能源汽车行业的竞争。

　　在自然资源管理模式方面，美国自然资源管理形成了相对集中的管理模式，精简机构，明晰各部门职责，并设助理副部长分管各局事务，实现了相对统一有效的管理，有助于政策的一致性。美国近年来一直在推进 DOI 的监管改革，重新审视和完善管理条例，为每个机构设立了监管改革干事，这对我国自然资源监管改革也有一定的借鉴意义，有助于我国进一步完善自然资源监督检查机制，提高有关部门的规划管理水平。

附　　录

附录一 自然资源科技创新指数

一、理论基础与概念内涵

1. 自然资源科技创新理论基础

自然资源科技创新是国家创新体系的重要组成部分，其理论基础来源于国家创新体系理论。国家创新体系中的创新包括科学创新、技术创新、制度创新和管理创新等更为广泛的内涵。《国家中长期科学和技术发展规划纲要（2006—2020 年）》指出，国家创新体系是以政府为主导、充分发挥市场配置资源的基础性作用、各类科技创新主体紧密联系和有效互动的社会系统。目前，我国基本形成了政府、科研院所及高校、企业、技术创新支撑服务体系四角相倚的创新体系，主要由创新主体、创新基础设施、创新资源、创新环境、外界互动等要素组成。

2. 自然资源与科技创新的关系分析

自然资源具备天然存在、可以利用、能够产生价值、能够给人类社会带来福祉等重要属性。在自然资源产生价值和带来福利的同时，人类需要考虑其资源禀赋、开发利用手段和管理保护措施等，需要一定的社会环境、经济需求和技术条件才能得以实现。人类与自然资源构成了一个"人类—自然资源"相互影响的大系统，自然资源通过人类对其充分利用给社会带来重要价值和福祉，人类要达到对自然资源充分的、最优化的、可持续的利用，需要的是整个社会的进步和技术的提高，需要创新发展，做好创新、提高发展才能从根本上保证自然资源的充分、最优化、可持续利用。

3. 自然资源科技创新指数内涵

自然资源领域的创新是新时代创新体系的重要组成部分，是对自然资源规划、管理、勘探、开发、利用与保护的科技创新，也是自然资源领域新概念、新思想、新知识、新理论、新方法、新技术、新发现和新假设的集成。自然资源科技创新指数是指衡量自然资源管理、开发与保护的创新能力，切实反映国家、区域或领域内自然资源科技创新质量和效率的综合性指数。

二、自然资源科技创新评估体系

自然资源科技创新评估构建的理论基础来源于国家创新体系理论。在梳理国家创新体系理论的基础上，厘清自然资源领域与政府、科研院所及高校、企业、技术创新支撑服务体系四角相倚的系统关系，即政府层面以自然资源部统筹管理"山水林田湖草"为主，以科研院所及高校、企业为创新主体，形成产学研一体化的合作模式，创新实现通过自然资源领域技术创新、知识创新和理论创新等进行。以科技创新评估为主要内容，从创新主体、创新路径、创新实现和创新评估 4 个方面构建自然资源科技创新评估体系（附图 1-1），通过对创新投入及创新产出的量化，衡量自然资源管理、开发与保护的创新能力，切实反映国家、区域或领域内自然资源科技创新质量和效率，为有效评估我国自然资源科技创新能力提供支撑。

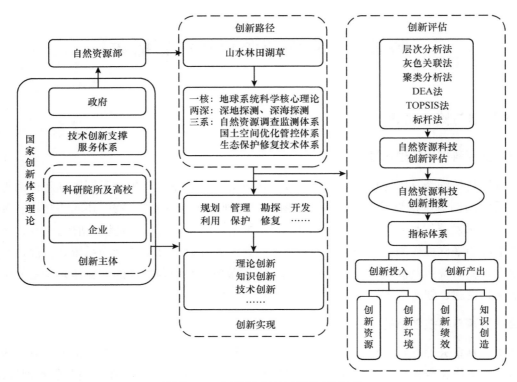

附图 1-1   自然资源科技创新评估体系

在创新主体方面，以国家创新体系理论为基础，以自然资源领域科研院所及高校、企业为创新主体，逐步构建多部门、科研院所及高校参与的开放合作与协同一致的创新体系。

在创新路径方面，将"山水林田湖草"生命共同体的科技创新发展规划为自然资源重大科技战略，形成既有理论基础又有知识和技术支撑的创新路径。

在创新实现方面，自然资源科技创新发展贯穿于"山水林田湖草"的规划、管理、勘探、开发、利用、保护和修复过程中的科技知识产生、流动并商业化应用及技术创新发展的整个过程，具体体现在自然资源技术、知识、理论等方面的创新。

在创新评估方面，基于国家创新体系理论构建创新评估体系，重点是构建自然资源科技创新指数，对自然资源科技创新能力进行度量。

通过以上 4 个方面的相互促进、融合，力求全面、客观、准确地反映我国的自然资源科技创新能力，为综合评估自然资源对创新型强国建设进程的推动作用，以及完善自然资源科技创新政策提供技术支撑和咨询服务。

三、自然资源科技创新指数指标体系构建

1. 指标选取遵循原则

1）权威性

数据来源应具有权威性。基本数据必须来源于公认的国家官方统计和调查，通过正规渠道定期搜集，确保基本数据的准确性、持续性和及时性。

2）客观性

评估思路应体现自然资源可持续发展思想，不仅要考虑自然资源创新整体发展环境，还要考虑

经济发展、知识成果的可持续性指标，兼顾时间趋势。

3）科学性

评估与预测分析应面对主要领域或行业当前的实际情况，选取的评估指标具有科学性，在应用过程中能够体现实用性和可扩展性。自然资源科技创新评估选取的每一项指标都能体现科学性和客观性思想，尽可能减少人为合成指标，各指标均有独特的宏观表征意义，定义相对宽泛，并非对应唯一狭义数据，便于指标体系的扩展和调整。

4）先进性

评估体系应兼顾我国自然资源区域特点。选取指标以相对指标为主，兼顾不同区域在自然资源科技创新资源产出效率、创新活动规模和创新领域广度上的不同特点。

纵向分析与横向比较相结合，既有纵向的历史发展轨迹回顾分析，又有横向的各区域和领域内的比较分析。

2. 指标体系构建

自然资源科技创新是国家创新体系的重要组成部分，是创新型国家建设的主要支柱之一。创新型国家主要表现为：整个社会对创新活动的投入较高，重要产业的国际技术竞争力较强，投入产出的绩效较高，科技进步与技术创新在产业发展和国家的财富增长中起重要作用。创新型国家的判断依据经济增长是主要依靠要素（传统的资源消耗和资本）投入来驱动，还是主要依靠以知识创造、传播和应用为标志的创新活动来驱动。

自然资源科技创新体系既要为创新型国家服务，又要具备自然资源特性，其科技投入和产出是评估依据，因此，自然资源科技创新发展需要具备 4 个方面的能力：①较高的创新资源综合投入能力；②较高的知识创造与扩散应用能力；③较高的创新绩效影响表现能力；④良好的创新环境。因此，从这 4 个方面的能力出发，结合对自然资源科技创新水平评估的全面性和代表性，以及数据的可获得性，选取能够表征自然资源科技创新资源、创新环境、知识创造和创新绩效的 20 个重要指标构建自然资源科技创新指数指标体系，见附表 1-1。

附表 1-1 自然资源科技创新指数指标体系

综合指数	分指数	指标	
自然资源科技创新（A）	创新资源（B_1）	1. 研究与发展经费投入强度	C_1
		2. 研究与发展人力投入强度	C_2
		3. 科技活动人员投入	C_3
		4. 固定资产投入力度	C_4
		5. 自然资源系统 R&D 人员数量	C_5
	创新环境（B_2）	6. 科学仪器设备占资产的比例	C_6
		7. R&D 经费中企业资金的占比	C_7
		8. 自然资源系统科研机构数量	C_8
		9. 科技活动经费投入	C_9
		10. R&D 课题投入力度	C_{10}
	知识创造（B_3）	11. 发明专利授权量	C_{11}
		12. 本年出版科技著作	C_{12}
		13. 发表科技论文数	C_{13}
		14. 软件著作权量	C_{14}
		15. 国家或行业标准数	C_{15}

综合指数	分指数	指标	
自然资源科技创新（A）	创新绩效（B_4）	16. 万名科研人员发表的科技论文数	C_{16}
		17. 单位课题的科技论文发表数	C_{17}
		18. 有效发明专利产出效率	C_{18}
		19. 单位专利科技成果转化收入	C_{19}
		20. 科技成果转化效率	C_{20}

1）创新资源：反映自然资源科技创新活动的投入力度、创新人才资源供给能力及创新所依赖的基础设施投入水平。科技创新投入是国家自然资源科技创新活动的必要条件，包括科技资金投入和人才资源投入等。

2）创新环境：反映自然资源科技创新活动所依赖的外部环境，主要包括制度创新和环境创新。其中，制度创新的主体是政府等相关部门，主要体现在政府对创新的政策支持、对创新的资金支持和知识产权管理等方面；环境创新主要是指创新的配置能力、创新基础设施、创新基础经济水平、创新金融及文化环境等。

3）创新绩效：反映开展自然资源科技创新活动所产生的效果和影响，从国家自然资源科技创新的效率和效果两个方面选取指标。

4）知识创造：反映自然资源科研产出能力和知识传播能力。自然资源知识创造的形式多种多样，产生的效益也是多方面的，主要从自然资源发明专利、科技著作和科技论文等角度考虑自然资源科技创新的知识积累效益。

附录二 自然资源科技创新指数指标解释

C_1. 研究与发展经费投入强度

自然资源科研机构的 R&D 经费占国内生产总值的比例，也就是自然资源领域研究与发展经费投入强度指标，反映一个国家或地区自然资源科技创新资金的投入强度。

C_2. 研究与发展人力投入强度

自然资源领域每万名就业人员中 R&D 人员的数量，反映一个国家或地区自然资源科技创新人力资源的投入强度。

C_3. 科技活动人员投入

自然资源科研机构内科技活动人员的数量，反映一个国家或地区自然资源科技活动人力资源的投入强度。

C_4. 固定资产投入力度

自然资源科研机构年末固定资产的原价，反映一个国家或地区自然资源科技活动在资产方面的投入强度。

C_5. 自然资源系统 R&D 人员数量

自然资源科研机构 R&D 人员的数量，反映自然资源科技创新人力资源的绝对投入强度。

C_6. 科学仪器设备占资产的比例

自然资源科研机构内科学仪器设备占资产的比例，反映一个国家或地区自然资源科技活动所需的硬件设备条件，在一定程度上反映自然资源科技创新的硬环境。

C_7. R&D 经费中企业资金的占比

R&D 经费中企业资金的占比反映企业投资对自然资源科技创新的促进作用，一定程度上反映自然资源科技创新所处的制度环境。

C_8. 自然资源系统科研机构数量

一个国家或地区自然资源科研机构的数量规模，反映一个国家或地区自然资源科技创新的硬环境与制度环境。

C_9. 科技活动经费投入

自然资源科研机构内进行 R&D 活动而实际发生的全部支出，包括人员工资、劳务费、其他日常支出、仪器设备购置费、土地使用和建造费等，反映一个国家或地区为进行自然资源科技活动所能提供的资金资源。

C_{10}. R&D 课题投入力度

自然资源科研机构的 R&D 课题数，反映一个国家或地区自然资源领域科学研究课题的投入力度。

C_{11}. 发明专利授权量

自然资源领域 R&D 人员的国内发明专利授权量，反映一个国家或地区的自然资源自主创新与技术创新能力。

C_{12}. 本年出版科技著作

自然资源科研机构内的科研人员为第一作者、经过正式出版部门编印出版的科技专著、高校教科书、科普著作，反映一个国家或地区自然资源科学研究的产出能力。

C_{13}. 发表科技论文数

自然资源领域科研人员发表的科技论文量，反映自然资源科学研究的产出能力和科技创新能力。

C_{14}. 软件著作权量

自然资源科研机构向国家版权局提出登记申请并被受理登记的软件著作权量，反映一个国家或地区自然资源领域信息技术开发与创新能力。

C_{15}. 国家或行业标准数

自然资源科研机构在自主研发或自主知识产权基础上形成的国家或行业标准的数量，一定程度上反映一个国家或地区的创新基础能力。

C_{16}. 万名科研人员发表的科技论文数

自然资源领域万名科技活动人员平均发表的科技论文数，反映一个国家或地区自然资源领域科研成果产出效率。

C_{17}. 单位课题的科技论文发表数

自然资源领域单位课题的科技论文发表数，反映一个国家或地区自然资源科技产出效率。

C_{18}. 有效发明专利产出效率

自然资源领域单位课题的有效发明专利数，反映一个国家或地区的科技创新产出成效。

$C_{19}.$ 单位专利科技成果转化收入

自然资源领域单位发明专利的科技成果转化收入，反映科技成果的收益成效。

$C_{20}.$ 科技成果转化效率

自然资源领域单位有效发明专利的科技成果转化收入，反映自然资源科技成果转化效率。

附录三 自然资源科技创新指数的评估方法

一、自然资源科技创新指数指标体系说明

自然资源科技创新指数由创新资源、创新环境、创新绩效和知识创造 4 个分指数构成。

二、原始数据归一化处理

对 2020 年 20 个指标的原始值分别进行归一化处理。归一化处理是为了消除多指标综合评估中计量单位的差异和指标数值的数量级、相对数形式的差别，解决数据指标的可比性问题，使各指标处于同一数量级，便于进行综合对比分析。

指标数据处理采用直线型归一化方法，即：

$$c_{ij} = \frac{y_{ij} - \min y_{ij}}{\max y_{ij} - \min y_{ij}}$$

式中，$i=1\sim31$，为我国 31 个省（区、市）的序列号；$j=1\sim20$，为指标序列号；y_{ij} 表示各项指标的原始数据值；c_{ij} 表示各项指标归一化处理后的值。

三、自然资源科技创新分指数的计算

创新资源分指数得分为

$$B_1 = 100 \times \sum_{j=1}^{5} \phi_i c_{ij}$$

创新环境分指数得分为

$$B_2 = 100 \times \sum_{j=6}^{10} \phi_i c_{ij}$$

知识创造分指数得分为

$$B_3 = 100 \times \sum_{j=11}^{15} \phi_i c_{ij}$$

创新绩效分指数得分为

$$B_4 = 100 \times \sum_{j=16}^{20} \phi_i c_{ij}$$

式中，$i=1\sim31$，$j=1\sim20$；ϕ_i 为权重，这里取等权重；B_1、B_2、B_3、B_4 依次代表创新资源分指数、创新环境分指数、知识创造分指数和创新绩效分指数的得分。

四、自然资源科技创新指数的计算

采用如下公式测算自然资源科技创新指数得分：

$$A = \sum_{k=1}^{4} \omega_k B_k$$

式中，A 为自然资源科技创新指数得分；ω 为权重，这里取等权重；$k=1\sim4$，代表 4 个分指数。

附录四 国内外相关创新指数研究报告介绍

一、国外报告

当前，国外创新能力评估相关的具有广泛影响力的权威报告主要有《全球竞争力报告》（Global Competitiveness Report，GCR）、《世界竞争力年鉴》（World Competitiveness Yearbook，WCY）、《全球创新指数》和《欧盟创新记分牌》，这些报告都是基于评估指标体系对全球经济体的经济竞争力及创新实力进行比较和排名。

《全球竞争力报告》由世界经济论坛（World Economic Forum，WEF）发布，从1979年开始对全世界处于不同发展阶段的100多个国家和地区进行竞争力评估，并每年发布一期报告。2020年12月16日，世界经济论坛发布《2020全球竞争力报告》。该报告暂停了长期以来的全球竞争力指数排名，专门阐述复苏和复兴的优先事项，评估了哪些国家为复苏和未来经济转型做了最充分准备，并提出了4个促进经济振兴和转型的行动领域：有利环境、人力资本、市场机制和创新生态系统。该报告显示，中国在创造充满活力的商业环境方面准备较为充分，并且在反垄断框架和促进多样性两个领域名列前三，但该报告指出，中国必须在提高公共机构的质量和愿景、改善基础设施、加速能源转型方面做出更多努力。

《世界竞争力年鉴》由瑞士洛桑国际管理发展学院（IMD）发布，从1989年开始对世界60多个国家和地区进行评估，并每年定期发布报告。评估指标体系包括经济表现、政府效率、企业效率、基础设施4项二级指标和300余项基础指标。《世界竞争力年鉴》侧重于评估经济体的综合竞争能力，与创新相关的指标集中体现在"基础设施"下的"技术基础设施"和"科学基础设施"两个方面。与2019年相比，2020年中国在综合排名及单项排名中均出现排名下降情况。其中，总排名由第14位降至第20位；4个单项中，经济表现由第2滑至第7，政府效率由第35降至第37，企业效率由第15降至第18，基础设施由第16降至第22。

《全球创新指数》由世界知识产权组织（WIPO）、康奈尔大学（Cornell University）和英士国际商学院（INSEAD）联合发布，自2007年开始每年发布一次，对世界100多个国家和地区进行创新评估，评估指标体系包括创新投入和创新产出2项二级指标，以及体制机制、人力资本与研究、基础设施、市场成熟度、商业成熟度、知识和技术产出、创意产出7项三级指标和80余项基础指标。《全球创新指数》侧重于评估经济体的整体创新能力，其评估指标体系基本上都与创新相关。2021年的《全球创新指数》报告显示，在全球参与排名的129个经济体中，中国从2013年的第35位快速提升到2021年的第12位，8年时间前进了23位。

《欧盟创新记分牌》由欧盟委员会创立并发布，自1991年开始每年发布一次，在2011～2015年该报告名称更改为《创新联盟记分牌》，2016又恢复为《欧盟创新记分牌》。该报告以分析欧盟成员国的创新绩效为主，瑞士、冰岛、挪威、塞尔维亚、北马其顿、土耳其、以色列、乌克兰等欧洲的非欧盟成员国和几个邻国也是评估对象，其还将欧盟与世界主要创新强国和金砖国家进行比较。《欧盟创新记分牌》的评估指标框架包括3个一级指标、8个二级指标和25个三级指标。在全球范围进行比照，欧盟的创新绩效领先于美国、中国、巴西、俄罗斯、南非和印度，而与韩国、加拿大、澳大利亚和日本的创新绩效有差距，在2012～2019年，欧盟相对美国、中国、巴西、俄罗斯和南非的创新绩效领先优势在缩小。从2012年到2019年，中国的创新绩效增长率是欧盟的5倍，预测显示，中国将进一步缩小这一差距，如果照目前的趋势继续下去，中国的创新绩效有可能超过美国。

二、国内报告

中国创新指数（China Innovation Index，CII）由国家统计局社会科技和文化产业统计司"中国创新指数研究"课题组研究设计，并对中国创新指数及 4 个分指数进行测算。监测评估指标分成 3 个层次：第一层次是中国创新指数，反映我国创新发展总体情况；第二层次是 4 个分指数，反映创新环境、创新投入、创新产出和创新成效 4 个分领域的发展情况；第三层次包含 21 个评估指标，反映各方面的具体发展情况。最新一期报告显示，2019 年中国创新指数为 228.3，比 2018 年增长了 7.8%，延续了较快的增长态势。2019 年中国创新环境明显优化，创新投入稳步提高，创新产出大幅提升，创新成效进一步显现，创新发展新动能不断增强。

国家创新指数（National Innovation Index，NII）由中国科学技术发展战略研究院设计，构建了创新型国家评估指标体系，来监测和评估创新型国家的建设进程，包括创新资源、知识创造、企业创新、创新绩效和创新环境等，主要用于评估世界主要国家的创新能力，揭示我国创新能力变化的特点和与其他国家的差距，自 2011 年起，每年发布国家创新指数系列报告。最新一期报告《国家创新指数报告 2019》于 2020 年 4 月出版，报告显示，在全球竞争背景下，中国国家创新指数国际排名上升至第 15 位，指数得分继续增长，与先进国家的差距正在缩小。

中国区域创新指数最新一期报告《中国区域创新指数报告（2019）》于 2020 年 3 月 31 日发布，由四川省社会科学院、中国科学院成都文献情报中心共同完成，从创新环境、创新投入和创新产出 3 个维度建立中国区域创新评估指标体系。《中国区域创新指数报告（2019）》是全国首个以地级及副省级城市为评估单元的创新指数报告。2019 年以"大变局中的区域创新共同体"为主题，通过对 5 年数据的纵贯分析，认为我国区域创新"多元一体"联动大格局正在形成，呈现激活"多元"、活力迸进，形塑"一体"、利益共襄，跨越"边界"、创新无疆的三大结构特征。该报告认为，我国区域创新"多元一体"的创新生命"共同体"正在形成；互补、互促、互嵌的良性竞争与合作的发展格局正在形成；中国特色社会主义制度优越性与创新的天然活跃属性之间相得益彰、相互成全的良性格局正在形成；跨越边界、创新无疆的创新元发展机遇正在到来。

《国家海洋创新指数报告》（National Marine Innovation Index，NMII）由自然资源部第一海洋研究所组织编写，自 2006 年开展海洋创新指标研究工作，并于 2013 年正式启动国家海洋创新指数研究工作，自 2015 年开始每年出版中英文版报告。最新一期报告《国家海洋创新指数报告 2021》于 2022 年 3 月出版，由自然资源部第一海洋研究所、国家海洋信息中心、中国科学院兰州文献情报中心和青岛海洋科学与技术试点国家实验室共同完成。该报告指出，国家海洋创新指数显著上升，海洋创新能力大幅提高。

除此之外，中国人民大学也发布了中国创新指数研究报告，直接为政府、企业、社会及学术研究服务。一些省（区、市）则通过结合自身的发展特征构建了省级或城市层面的创新指数指标体系，用以衡量和评估本区域的创新发展水平和创新能力，如杭州创新指数、济南创新型城市建设综合评估体系、陕西创新指数等。

编 制 说 明

为响应国家创新战略，服务国家创新体系建设，自然资源科技创新研究课题组在夯实国家海洋创新指数研究的基础上，于 2019 年正式启动自然资源科技创新指数的研究工作。《自然资源科技创新指数评估报告 2022》是"国家自然资源科技创新评估系列报告"的第 4 本，现将有关情况说明如下。

一、需求分析

创新驱动发展已经成为我国的国家发展战略，《中共中央关于全面深化改革若干重大问题的决定》明确提出"建设国家创新体系"。自然资源领域科技创新是建设创新型国家的关键，也是国家创新体系的重要组成部分。自然资源领域科技创新取得突破，将对我国特色创新型国家建设和提升国际竞争力具有深远意义。开展自然资源科技创新发展评估，评估我国自然资源科技创新能力，探索自然资源科技创新重点领域与突破方向，预测未来发展趋势，对自然资源统筹管理与可持续发展具有重要指示意义，具体表现在以下四个方面。

（一）全面摸清我国自然资源科技创新家底的迫切需要

我国经济社会进入高质量发展新时代，科技创新正加速发展，深度融合、广泛渗透到各个方面。保护绿水青山、保障自然资源可持续利用、实现自然资源治理体系和治理能力现代化均离不开科技创新的有力支撑，全面摸清我国自然资源科技创新家底，是客观分析我国自然资源科技创新能力的基础。

（二）深入把握我国自然资源科技创新发展趋势的客观需求

自然资源科技创新评估是深入把握我国自然资源科技创新发展趋势的客观需求，也是突破我国自然资源科技创新瓶颈、认清发展路径与方式的必要前提，更是增强落实国家关于科技体制改革的一系列政策措施的坚定性、自觉性和自信心的重要保障。

（三）准确测算我国自然资源科技创新重要指标的实际需要

《自然资源科技创新发展规划纲要》（以下简称《规划纲要》）指出，以创新为第一动力、人才为第一资源，以服务经济高质量发展、推进生态文明建设和满足人民美好生活向往为目标，坚持科技创新和制度创新"双轮驱动"，加快构建现代化自然资源科技创新体系，全面提升自然资源科技创新能力和水平，为自然资源事业发展提供强大科技支撑。《规划纲要》对自然资源科技创新各领域提出了新的发展目标，针对目标需要，开展重要指标的测算和预测研究，切实反映我国自然资源科技创新的质量和效率，为我国自然资源科技创新发展政策制定提供系列指标支撑。

（四）全面了解国际自然资源创新发展态势的现实需要

从自然资源领域相关机构、投入产出等方面分析国际科技创新在各领域研究层面上的发展态势，全面分析国际自然资源领域科学与技术研发层面上的发展态势，为我国自然资源科技创新发展提供参考，有助于全力提升我国自然资源科技创新的能力和水平，加快实现我国自然资源治理现代化。

二、编制依据

（一）十九大报告

党的十九大报告明确提出"加快建设创新型国家"，并指出"创新是引领发展的第一动力，是建设现代化经济体系的战略支撑。要瞄准世界科技前沿，强化基础研究""加强国家创新体系建设，强化战略科技力量""坚持陆海统筹，加快建设海洋强国"。

（二）十八届五中全会报告

十八届五中全会报告指出"必须把创新摆在国家发展全局的核心位置，不断推进理论创新、制度创新、科技创新、文化创新等各方面创新，让创新贯穿党和国家一切工作，让创新在全社会蔚然成风"。

（三）《国家创新驱动发展战略纲要》

中共中央、国务院 2016 年 5 月印发的《国家创新驱动发展战略纲要》指出"党的十八大提出实施创新驱动发展战略，强调科技创新是提高社会生产力和综合国力的战略支撑，必须摆在国家发展全局的核心位置。这是中央在新的发展阶段确立的立足全局、面向全球、聚焦关键、带动整体的国家重大发展战略"。

（四）《中华人民共和国国民经济和社会发展第十三个五年规划纲要》

《中华人民共和国国民经济和社会发展第十三个五年规划纲要》提出了创新驱动主要指标，强化科技创新引领作用，并指出"把发展基点放在创新上，以科技创新为核心，以人才发展为支撑，推动科技创新与大众创业万众创新有机结合，塑造更多依靠创新驱动、更多发挥先发优势的引领型发展"。

（五）《推动共建丝绸之路经济带和 21 世纪海上丝绸之路的愿景与行动》

《推动共建丝绸之路经济带和 21 世纪海上丝绸之路的愿景与行动》提出了"创新开放型经济体制机制，加大科技创新力度，形成参与和引领国际合作竞争新优势，成为'一带一路'特别是 21 世纪海上丝绸之路建设的排头兵和主力军"的发展思路。

（六）《中共中央关于全面深化改革若干重大问题的决定》

《中共中央关于全面深化改革若干重大问题的决定》明确提出"建设国家创新体系"。

（七）《"十三五"国家科技创新规划》

《"十三五"国家科技创新规划》提出"'十三五'时期是全面建成小康社会和进入创新型国家行列的决胜阶段，是深入实施创新驱动发展战略、全面深化科技体制改革的关键时期，必须认真贯彻落实党中央、国务院决策部署，面向全球、立足全局，深刻认识并准确把握经济发展新常态的新要求和国内外科技创新的新趋势，系统谋划创新发展新路径，以科技创新为引领开拓发展新境界，加速迈进创新型国家行列，加快建设世界科技强国"。该规划提出，到 2020 年，我国国家综合创新能力世界排名要从 2015 年的第 18 位进入前 15 位；科技进步贡献率要从 2015 年的 55.3% 提高到 60%；研究与试验发展经费投入强度要从 2015 年的 2.1% 提高到 2.5%。

（八）《国家中长期科学和技术发展规划纲要（2006—2020 年）》

《国家中长期科学和技术发展规划纲要（2006—2020 年）》提出"把提高自主创新能力作为调整经济结构、转变增长方式、提高国家竞争力的中心环节，把建设创新型国家作为面向未来的重大战略选择"，并指出科技工作的指导方针是"自主创新，重点跨越，支撑发展，引领未来"，强调要"全面推进中国特色国家创新体系建设，大幅度提高国家自主创新能力"。

（九）《自然资源科技创新发展规划纲要》

《自然资源科技创新发展规划纲要》聚焦国家创新驱动发展战略和自然资源改革发展重大需求，指出"全面深化自然资源科技体制改革，不断提升自然资源科技创新能力，优化集聚自然资源科技创新资源""加快构建现代化自然资源科技创新体系"。

（十）《中共自然资源部党组关于深化科技体制改革提升科技创新效能的实施意见》

《中共自然资源部党组关于深化科技体制改革提升科技创新效能的实施意见》就深化科技体制改革、进一步提升科技创新效能提出了"重塑科技创新格局"的重要意见，包括确立面向 2030 年的自然资源创新战略、构建重大科技创新攻关体制和促进科技创新成果转化应用三大方面，明确部所属研发单位自身科技创新优势和定位，要求"中央级科研院所特别应发挥骨干作用，建立有利于激发创新活力、提升科技创新竞争力的体制机制和研发格局，促进研发成果有力支撑自然资源治理能力现代化，提升科学决策水平，前沿创新能力进入世界同类科研机构前列"。

（十一）习近平总书记在科学家座谈会上的重要讲话

2020 年习近平总书记在科学家座谈会上提出"我国'十四五'时期以及更长时期的发展对加快科技创新提出了更为迫切的要求""加快科技创新是推动高质量发展的需要。建设现代化经济体系，推动质量变革、效率变革、动力变革，都需要强大科技支撑"。

（十二）习近平总书记在两院院士大会中国科协第十次全国代表大会上的重要讲话

2021 年习近平总书记在两院院士大会中国科协第十次全国代表大会上强调"坚持把科技自立自强作为国家发展的战略支撑""把握大势、抢占先机，直面问题、迎难而上，完善国家创新体系，加快建设科技强国，实现高水平科技自立自强"。

（十三）习近平总书记发表重要文章《努力成为世界主要科学中心和创新高地》

习近平总书记在 2021 年第 6 期《求是》杂志发表重要文章《努力成为世界主要科学中心和创新高地》，强调要"充分认识创新是第一动力，提供高质量科技供给，着力支撑现代化经济体系建设""矢志不移自主创新，坚定创新信心，着力增强自主创新能力""全面深化科技体制改革，提升创新体系效能，着力激发创新活力"。

三、数据来源

数据来自：①《中国统计年鉴》；②《中国科技统计年鉴》；③中国科技统计数据；④中国科学引文数据库（Chinese Science Citation Database，CSCD）；⑤科学引文索引扩展版数据库（Science Citation Index Expanded，SCIE）；⑥德温特专利索引数据库（Derwent Innovation Index，DII）；⑦其他公开出版物。

四、编制过程

《自然资源科技创新指数评估报告 2022》编制过程分为前期准备阶段、数据测算与报告编制阶段、征求意见与修改完善阶段 3 个阶段，具体如下。

（一）前期准备阶段

组建报告编写组与指标测算组。2022 年 1 月，在自然资源部科技发展司和科技创新领域专家的指导下，在国家海洋创新指数编写组的基础上，组建本报告编写组与指标测算组。

形成基本思路。2022 年 1 月，课题组内部召开指数报告编写研讨会，针对研究思路、指标体系、数据来源和工作方案等方面进行研讨，并在前期工作的基础上，形成基本研究思路和本报告的编制思路。

编制报告大纲。2022 年 2 月，课题组讨论了自然资源科技创新评估工作方案，针对自然资源领域科技统计数据梳理了科技统计制度改变带来的数据变化，并确定了下一步数据处理方案。同时，就 2022 年工作方案和报告的编制大纲进行了讨论与工作安排。

（二）数据测算与报告编制阶段

数据整合与指标构建解析。2022 年 3～4 月，对自然资源领域科技创新数据及《中国统计年鉴》和《中国海洋统计年鉴》、科学技术部科技统计数据、中国科学引文数据库（CSCD）、科学引文索引扩展版数据库（SCIE）、德温特专利索引数据库（DII）等相关创新数据等进行收集与整合，同时根据数据质量构建指标体系并进行解析。

数据测算。2022 年 4 月 28 日至 5 月 11 日，测算我国区域自然资源科技创新指数，并选取排名前二十的区域进行分析。

补充部分数据并进行第一轮复核。2022 年 5 月 11～21 日，组织测算组进行数据第一轮复核，重点检查补充数据、数据处理过程与图表。

报告文本初稿编写。2022 年 5 月 11～26 日，根据数据分析结果和指标测算结果，完成报告第一稿的编写。

数据第二轮复核。2022 年 5 月 22～31 日，组织测算组进行数据第二轮复核，按照逆向复核的方式，根据文本内容依次检查图表、数据处理过程和数据来源。

报告文本初稿修改。2022 年 6 月 1～15 日，根据数据复核结果和指标测算结果，修改报告文本初稿，形成征求意见文本第二稿。

数据第三轮复核。2022 年 6 月 16～25 日，采用全样本数据，组织测算组进行数据第三轮复核，按照 2018～2020 年数据变化的方式，测算国家自然资源科技创新指数变化，并根据 2020 年数据测算区域自然资源科技创新指数。同时，根据文本内容依次检查图表、数据处理过程和数据来源。

报告文本第二稿修改。2022 年 6 月 25～30 日，根据数据复核结果和指标测算结果，修改报告文本第二稿，形成征求意见文本第三稿。

（三）征求意见与修改完善阶段

数据及测算过程第四轮复核和报告文本修改。2022 年 7 月 1 日至 7 月 5 日，组织测算组进行数据复核和增加的专题数据测算复核，并组织编写组对报告文本第三稿进行修改完善，形成报告文本第四稿。

报告文本校对。2022 年 7 月 5～12 日，编写组成员按照章节对报告本文进行校对，根据各成员意见与建议修改完善文本。

报告文本第四稿完善。2022 年 7 月 13～18 日，征求相关专家学者意见并修改报告文本，形成报告文本第五稿。

根据专家咨询意见修改。2022 年 7 月 19 日，召开专家咨询会议，向专家汇报并征求专家意见。

报告文本第五稿完善。2022 年 7 月 19 日至 7 月 25 日，课题组根据专家意见修改完善文本。

出版社预审。2022 年 7 月，向科学出版社编辑部提交文本电子版进行预审。

更 新 说 明

一、优化了指标体系

（1）优化了创新资源分指数的指标，将"R&D 人员中博士和硕士学历人员占比"指标更新为"科技活动人员投入"指标，将"科技人力资源扩展能力"更新为"自然资源系统 R&D 人员数量"，将"科技活动经费支出"更新为"固定资产投入力度"指标。

（2）优化了创新环境分指数的指标，删减了"高水平科研平台数量""机构管理水平"指标；增加了"科技活动经费投入"和"R&D 课题投入力度"指标，增加了指标体系中总量指标的设定。

（3）优化了创新绩效分指数的指标，将"科技成果转化收入"指标更新为"单位专利科技成果转化收入"；删减了"技术市场成交额"指标；增加了"万名科研人员发表的科技论文数"和"单位课题的科技论文发表数"两个指标。

（4）优化了知识创造分指数的指标，增加了"国家或行业标准数"指标，删减了"专利申请量"指标。

二、优化了部分章节和内容

（1）"第一章 国家自然资源科技创新指数评估"中增加了 2020 年数据，测算了 2018～2020 年国家自然资源科技创新指数的变化趋势。

（2）更新了"第九章 美国自然资源管理政策导向及战略计划调整分析"，以美国 DOI 2023 财年预算和优先事项为基础进行了分析。